自然传奇丛书

金的传奇

何羚杰　程煜◎编著

·上海科学普及出版社·

图书在版编目（CIP）数据

金的传奇 / 何羚杰，程煜编著 .— 上海 : 上海科学普及出版社 , 2013.1（2024.3 重印）
（自然传奇丛书）
ISBN 978-7-5427-5660-2

Ⅰ . ①金… Ⅱ . ①何… ②程… Ⅲ . ①金—普及读物 Ⅳ . ① O614.123-49

中国版本图书馆 CIP 数据核字 (2013) 第 006495 号

责任编辑：郭子安　胡　伟

自然传奇丛书
金的传奇
何羚杰　程煜　编著
上海科学普及出版社出版发行
（上海中山北路 832 号　邮政编码 20070）
http: //www. pspsh. com

各地新华书店经销　天津旭丰源印刷有限公司印刷
开本 787 × 1092　1/16　印张 9.5　字数 181 400
2013 年 3 月第 1 版　2024 年 3 月第 2 次印刷

ISBN 978-7-5427-5660-2　定价：38.00 元

前·言

从古至今，金在人类社会中扮演着不可估量的角色，它耀眼夺目的光芒刺激着人们的欲望，而稀缺的产量金它更是身价百倍，于是，一个个关于金的传奇和典故由此诞生。

人类经过一步步的科学探索，逐步揭开了金的面纱，金虽然开采量不多，却并不属稀有金属，这是因为金是以游离状态存在于自然界，极难开采的缘故。令人欣喜的是，近一个世纪来，人们发现了海水中存在着大量的金并找到了许多提炼的方法，相信不久的未来，世界的黄金产量会越来越多。

金的性质稳定，易于分割，便于携带，因此数千年来它一直作为货币存在，是财富的象征。人们还把它制作成各式各样的工艺品和饰品，满足人类的爱美需求，现在，金和金的化合物被广泛应用于化学化工、机械制造、电子电器、医疗卫生各个领域，为人类的进步发展做出了巨大贡献。

古今中外关于金的典故趣谈不计其数，它们的背后，有浪漫的爱情故事，有饱含哲理的历史趣闻，还有各式各样的民俗风情等，令人目不暇接，赏心悦目。

本书主要从起源探索、特征属性、自然奇观、哲理典故和古今趣谈五个方面介绍了金的相关知识，通过这本书读者可以对金有一个全面的了解，并由此深入了解人类的历史和文化。

目 录

传奇一

吹尽黄沙始到金——起源探索

1 揭开金的面纱

娓娓道来

说到金，大家一般会想到黄澄澄、金灿灿的元宝或金块，这其实是由金元素组成的单质。在化学元素中，金元素属于自然界中的基本金属物质，通常用Au表示，化学性质不活泼，常温下很难与其他的物质产生化学反应。不过金在面对一种叫“王水”的液体时就不能继续保留真身了，这是因为王水是浓硝酸和浓盐酸按3：1的比例混合而成的，腐蚀性非常强，是很多金属的死敌，当金遇到王水时就会被它的氧化能力所溶解。

黄金的密度很高，为19.3克/立方厘米，在一般情况下，它很难被分解，并且可以长久保存完好，民间有一句谚语叫“真金不怕火炼”，形容真正有本事、有才华的人经受得住考验，它借喻的就是黄金的这一优良属性，质量坚韧，熔点极高，达1063℃，即使被放在火焰中烤烧，也不会改变模样。

黄金

其实自然界中的金并不是我们在电视或商场中看到的纯

炼金

金，金元素在自然界中是以游离状态存在着，只有当人们把它从矿石中提炼出来，形成熟金，才能为人类所用，不过也有极少数的天然黄金块。

当古埃及人在5000年前发现黄金的价值以后，人类就不断大量地对地球上的矿石和河沙加以开采挖掘和提炼，到目前为止，差不多提炼了15万吨的黄金，一部分被当做金融储备资产在全球各地流通，还有一部分作为私人的收藏或首饰物品，或用于电子化学物品的制造中。

相对于地球上实际存在的48亿吨总黄金量而言，人类开采出来的黄金只是九牛一毛而已。不过，这其中绝大部分的黄金都存在于人类无法开采到的地幔与地壳深处，所以，人类实际上能够开采的黄金是很少很少的，即使在科技发达的今天，黄金年产值能够达到百吨以上的国家也不足十个，这个被称为“金属之王”的重金属因其美丽的外观、优良的属性、稀少的开采量和绝佳的保值性能在世界的历史、政治、经济和文化中扮演着重要的角色。

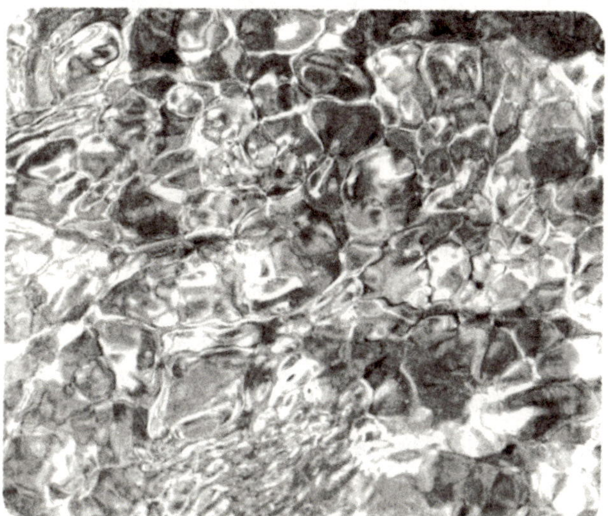

金属之王

视角延伸

金属和合金

金属和合金是经常出现的两个工业用语，它们虽然都含“金”字，但意义与金却并不相同。

金是金属的一种，除此之外，金属还包括铁、铜、锌、银、铂等物质，这些物质具有一些共性，它们的内部结构相似，从而形成了共同的物理属性，包括光泽度高，延展性好，锻造性能强，导电性能强等。大家有没有发现，金属物质大多是金字旁的，这与字的意思不无关系，不过这里我们要提到一个特别的金属，它在常温状态下是液体，那就是汞。

自然界中的金属很少是单独存在的，它们一般与其他物质形成化合物，具体的形式有氧化物、硫酸盐、碳酸盐等，只有很少的金属是游离状态存在的，例如金、银、铂。从金属化合物中提炼金属的方法包括高温还原法、加热分解法和电解法。

工业生产中最常用到的钢是不是金属呢？答案是否定的，钢是铁合金，那么，什么叫做合金呢？

合金是金属和非金属（有时可不含非金属）通过热熔成液体再溶合凝固而成的物质，根据所含金属的种类，可分为二元合金，即两种金属或者是金属和非金属的合金，三元合金和多元合金。它们会根据组成的成分改变之前单元素的性质从而形成新的性质，硬度高、抗腐蚀能力强、熔点较低、导电和电热性较低是合金的一般共性。

我们国家早在商朝的时候就已经有合金了，那就是青铜，当时被广泛应用于各种物品的制造中，现在，比较常见的合金有不锈钢、锰钢、硅钢、黄铜、青铜、白铜等等，这些合金为我们的社会建设作出了极大的贡献。

2 金从哪里来

娓娓道来

黄金在自然界中的来源主要有两处，一处是矿山，一处是河沙。矿山中的金一般和其他金属一起夹在岩石的缝隙中，人们找到这些混合物后，要经过粉碎、淘洗才能提炼出其中的黄金。很多矿山中带有黄金的混合物，经过长时间的地质变迁、雨水冲刷或风化，会慢慢分解成细小的颗粒，这些颗粒降落到河流中，会积淀形成一层含金层，里面藏着许许多多大小不一的黄金颗粒。

很久以前，人们淘金的科技手段不是很发达，他们先把河底的淤泥打捞上来，再通过大量的冲洗筛去沙土和其他颗粒，现在，人们会使用很多先进的工具，例如沙金船、淘金摇床等，规模化、集中化地处理金沙。

金沙

从自然界中采集黄金矿石

已属不易，从矿石中提炼出黄金的工序更是复杂。矿厂里对黄金的提炼过程大致可以分为以下几个部分。首先把大小不一、形状各异的矿石倒进破碎机中进行破碎，破碎后的矿石形状和大小比最初要小很多，进而通过球磨机将这些小块矿石磨成一粒粒细小的矿砂。然后从这些矿砂中挑选贵金属，此时会用到汞板机器，汞在黄金提炼中有着非常重要的作用，当金、银等贵金属和汞接触时，汞会包裹住它们，这样汞板上的金、银就会和泥沙分离开来，形成一个个被包裹的小球，它有一个非常形象的名字叫做汞膏。接下来用汞布包住汞膏用力挤，汞就会被挤下。汞的熔点很低，只有 38.87℃，所以通常还会使用火烧法去掉残留的汞，在经过一系列的加工后，金就正式被提炼出来了。

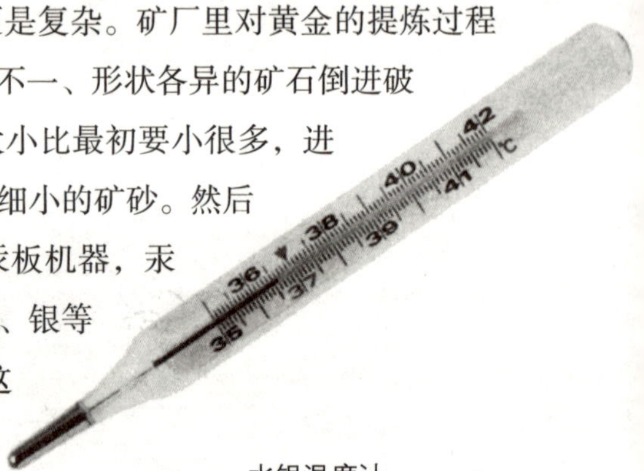

水银温度计

要想从矿石中最大限度地提炼黄金，只经过一轮这样的工序显然是不可能的，所以，人们会反复筛选矿石磨出的泥沙，分级机在此时就会起作用了，它会从泥沙中筛选出较大的颗粒再次运回到球磨机中，一直到磨出的泥沙足够细小为止。

视角延伸

金矿的形成

我们知道，地球上的金元素大多存在于地壳中。其实，在太古时代，也就是长达15亿年的古老地质时代，金是处于地球的最内层地核中的，因为火山的爆发被带到地壳和地幔的上层，又经过很长的时间，地质继续发生变化，地球上的黄金矿田也就随之形成了。

金矿田出产的主要是岩金，也叫合质金，它主要是和其他的金属物质例如银、铂混合在一起的，因此，从金矿田中刚刚开采的金矿根据含金量的多少可分为金矿物、含金矿物和载金矿物，其中金矿物含量最高。除了有岩金矿床，还有砂金矿床，主要分布在河流附近。

世界上著名的金矿主要分布在加拿大的安大略、澳大利亚的南威尔士、美国的加利福利亚、俄罗斯的乌拉尔山脉和西伯利亚等地区。1988年发现的印度尼西亚的格拉斯堡矿床是迄今为止发现的最大的矿床，中国是世界上黄金产量最大的国家，南非的兰德冶炼厂是世界上最大的黄金冶炼厂。

3 人类对金的探索历程

娓娓道来

古埃及是世界上最早认识和利用黄金的国家，埃及出土的文物中有大量的黄金制品，例如金叶、黄金面具、金缕玉衣，这充分证明了黄金在当时社会中起着十分重要的作用。之后相当长的时间里，人们用黄金制作各种华丽的装饰，它们是高贵的象征。

当黄金的开采日益增多后，人们将它作为货币进行流通。马克思曾说“金银天然不是货币，货币天然是金银”，意思之一就是黄金作为贵金属，具有体积小、价值大、能携带、便于切割、易于流通，具有一般等价物的属性，因此，人们对黄金的狂热程度经久不衰。

16、17 世纪，西方诸国纷纷过渡到资本主义国家，社会进入了寻金浪潮

哥伦布发现新大陆

中，一批批冒险者在政府的支持下组成航海船队，去遥远的地方寻求黄金，其中，哥伦布发现了美洲大陆，麦哲伦完成了世界航行，世界开始成为一个整体，人们的寻金脚步开始遍布各处。

美国是一个仅有200多年历史的年轻国家，哥伦布发现美洲后，无数的欧洲人越过大西洋在这片新大陆上开辟出一个全新的国家，于1776年建立了美利坚合众国，美国幅员辽阔，当时的国家人数又很少，形成了地多人少的局面，很多地方尚未被人开辟和发展。在建国后的一个多世纪里，美国人流行着疯狂的淘金热，他们从美洲东部向西部迈进，寻求自然金矿。

淘金热不仅满足了人们对于黄金的需求和崇拜，进而还拉动了国民经济的迅速增长，使淘金地区的人口猛增，美国的加利福利亚就是在淘金热潮中建立起来的。中国在这场淘金热中也受到了影响，当时在沿海地区例如广东和福建的人们得知美国圣弗朗西斯科的金矿使得财富迅速膨胀，称那里是“金山”，非常向往自己也可以去寻求宝藏，他们纷纷通过签订卖身契约通过介绍人漂往遥远的大洋彼岸，但是到达那里后，生活并没有想象中的那么美好，他们只能在金矿里日复一日、年复一年地辛勤操劳，听凭当地人的使唤。慢慢地，这些中国人的后代在当地开始独立，形成了独立的团体和地区，他们就是美国的第一批华人，他们在当地的聚集地叫做“唐人街”，把圣弗朗西斯科称作“旧金山”的习惯也一直沿用至今。

如今，黄金的开发已经机械化、现代化，人们不再盲目去追寻黄金，各国都有计划、有规则地将黄金作为经济储备，个人也可以对其进行买卖或收藏。另外，黄金被广泛用于工业生产和科技研发，以另一种形式为我们人类所利用。

视角延伸

海里的黄金

世界上开采的黄金量远不及需求的黄金量，这种情况令人焦虑。不过在1872年，人们欣喜地发现，占地球面积70%的大海里蕴藏着丰富的黄金，从那以后，对如何从海水中分离黄金的研究就一直没有停止。

海水里金的平均含量虽然很低很低，一升海水含金9微克，但是海水庞大的总量却足以提炼出巨量的金。据科学研究发现，海水中的金大部分都附着于浮游生物的身上，于是人们提出凝聚浮游生物分离黄金的方法，首先将少量的硬沥青粉末加入海水中，它的作用是使浮游生物凝聚并沉淀，接着把剩下的海水过滤掉，只剩下凝聚的浮游生物，通过各种有机酸溶解液将其中的黄金分离开来，就可以得到黄金了。

当然，除了这种方法，科学家们还在研究更高效、节能的方法，从海水中大量分离黄金指日可待。

4 特殊的金

娓娓道来

人们对首饰的要求多种多样，既希望它绚丽灿烂、精巧细腻，又希望它的成分高贵、保养方便，这样，彩金就应运而生了。顾名思义，彩金就是彩色的金，它是由黄金纯度不到90%的K金（开金）和其他的贵金属组合而成的，虽不及千足金的纯度高，却有着颜色更为亮丽多彩、易于雕琢、花纹细腻的优点。

彩金有各种各样的颜色，市场上销售的彩金主要有玫瑰红、粉红和白三种颜色，这主要根据其具体的金属组成而定，例如K金加上白银就会变成白色，加上不同质量的铜就会变成粉色或玫瑰色。

彩金钻戒

随着加工工艺的进步，彩金在首饰中占有越来越重要的地位，大家都爱佩戴各式各样的彩金，不过，饰品商店里的彩金五彩缤纷，如何选择合适自己的款色相当重要。

当我们到首饰店里挑选彩色金时，就会发现

每一款首饰的商标上都会标上“Au750”、“G22K”之类字样，它们是什么意思呢？这就要从K金的分类说起了，K金一共包括24类，分别为1K、2K一直到24K。其中，24K金的黄金纯度为100%，以此类推，1K金的含金量就为1／24，约4.2%，常见的首饰K金有9K金、14K金、18K金和22K金，数字越大，含金量越高，它的价格也就越贵。如果饰品为18K金，它的含金量就是18／24即75%，剩下25%的金属有银、铜等，它的表示方法有金750、Au750或G18K。理解了这些，饰品上的标记就难不倒我们啦！标记为Au585的是14K金，标记为G22K就是22K金。彩金中最常用到的是18K金，这是因为它的延展性较好、硬度适中的缘故。

用彩色金打造的首饰因为颜色的不同可分为单色首饰、双分色首饰、三分色首饰或多分色首饰，这些五颜六色的饰品为人们增添了美丽与风采。意大利的维琴察被誉为K金之都，它生产的彩金饰品畅销世界各地，每年的1月、6月和9月，当地都会举办大型的黄金珠宝国际展览会，人们在那里享受着视觉的盛宴，品赏着黄金珠宝带来的独特风采。

金首饰

视角延伸

彩金饰品的保养

日常生活中，要注意对彩金饰品的保养。在置放彩金饰品时，千万不要把它和其他的首饰放在一起，以防金饰品被其他硬度更高的物质磨损划伤，例如硬度极高的钻石。平时在做家务或者干一些碰触化学物品的杂务时，最好把身上的彩金饰品取下来，因为像清洗剂、漂白剂、海水这类的物质会对K金产生化学作用，长时间佩戴的彩金饰品因为灰尘、汗渍的沾染，光泽没有原先那么亮丽，这时可以将肥皂融化于温水中，用柔软的毛巾沾上肥皂水轻轻擦拭饰品，你会惊讶地发现，暗淡的彩金饰品会光亮如初哦！另外，一般情况下，珠宝店都会提供长期的保养服务，消费者最好每隔三个月或半年将饰品送到店内进行保养，珠宝店会仔细检查饰品有无损坏并对其进行基本的保养维修。

5 黄金的交易场所

娓娓道来

黄金的交易场所叫黄金市场，是专门进行黄金买卖的地方，这里聚集着来自世界各地的银行和其他金融机构、法人机构和私人交易者，大银行以及其他的金融机构并不购买成品黄金，它们只为自己的客户代买和结算，法人机构一般包括生产黄金的金矿公司和黄金投资者，生产黄金的公司来黄金市场的目的是规避风险，它们希望黄金的价格波幅能够保持平稳，投资者则愿意承担黄金的价格风险，在价格波幅中获取收益。

黄金市场上的黄金种类繁多，它们有体积较大的金块、较小的金条，还有做工精美的金叶、金币等，有人把它作为长期投资的工具，有人只是为了投机，等待黄金价差的形成从中获取利润，还有人把它作为收藏品和保值品，这类人大部分为私人收藏者。

世界黄金市场的模式主要有 3 种：欧式黄金交易、美式黄金交易和亚式黄金交易，说到这里，我们首先要了解世界著名的黄金市场分布，它们存在于各国际金融中心，例如伦敦、苏黎世、纽约、东京、新加坡，我们国家的香港和上海也是重要的国际黄金市场。

这些大型的黄金市场的黄金交易模式和服务模式是有差别的，具体来说，可分为以伦敦和苏黎世为代表的欧式黄金交易，以美国的纽约为主的美式黄金交易和以新加坡、中国香港为代表的亚式黄金交易。欧式黄金市场的黄金交易是通过客户与商人的电话、传真、互联网进行的，有时只有银行之间的买卖，现实中的黄金交易并不在那里进行。美式黄金市场就像一个期货交易所，它提供一个专门的场地供会员进行黄金交易，在公正、公开、公平的原则下保证黄金交易的顺利运行，市场的收入来源是会员上交的会费。亚式黄金市场的交易既包括现场黄金交易，也包括类似的期货交易，由于它设定的制度极其严格，所以参与交易的金商有着极高的信誉。

金币

除了有时因为市场机制的原因会造成短时的下跌以外，全球黄金的稀缺使得黄金始终保持上涨的趋势，因此，黄金在世界经济中发挥着重要角色，国家将黄金作为经济储备，维护自己发展；商人通过黄金交易增加利润；老百姓也热衷于对黄金的投资，世界上95%的黄金交易来自民间，黄金不再像以前那样只是国家和达官贵人的专属品，它正为越来越多的普通人所拥有。

伦敦

视角延伸

什么是“纸黄金”

黄金高昂的价格使得很多人望尘莫及，不过，即使没有足够的经济能力购买黄金，也可以进行黄金交易，这就要靠“纸黄金”来实现啦！“纸黄金”并不是现实中的黄金，它是人们在银行开办相应的业务，办理“黄金存折账户”，通过低买高卖实现盈利的一种方法。它的优点有很多，例如入市方便容易、收效及时、避免实物黄金在切割中自然流失，等等。

目前，我国提供“纸黄金”交易的银行主要有中国银行、工商银行和建设银行，它们纷纷推出各项个人账户的黄金买卖业务，中国银行有“黄金宝”，工商银行推出“金行家”，建设银行推出“账户金”等，形式虽有所不同，交易性质却相差不大。例如中国银行的“黄金宝”业务，它只需人们办一张中国银行的存折或电子借记卡，就可以通过电话、网上银行等形式进行黄金的虚拟买卖，国内的黄金报价为340元／克，国际黄金报价为32美元／盎司；人民币最小交易起点为10克，美元最小交易起点为1盎司，客户只要密切关注黄金市场的走势，在价格较低的时候买入纸黄金，价格较高的时候卖出纸黄金，从中赚取价差带来的利润。

6 如何正确认识金

正确认识金，就是要树立正确的金钱观。前面说到，金钱本身并没有对错善恶之分，所以我们要公正地看待金钱，并且要理性地认识并使用金钱。

娓娓道来

贪婪

古人说过，“君子爱财，取之有道”。就是说人们喜欢钱是很正常的事情，但是在获取金钱的时候要注意方法。应该通过自己的劳动和努力去挣钱，每一分钱都要属于自己应得的。不能去偷去抢，这样不仅对别人不好，而且还是犯罪的行为。不能损人利己，不要为了自己得到钱，而去损害别人，使别人受到损失。不能投机

华罗庚

倒把怀有侥幸心理，赚钱要走正当途径，歪门邪道不要走。不能占有本来不属于自己的钱财，捡到钱时应该想办法还给失主，不要接受别人无缘无故赠送的钱财。

古代有个叫裴度的人，有一次在庙里捡到了很贵重的东西，但是他却等失主前来寻找，当失主要给他钱时他说，我如果想要你的钱就不会在这里等你回来了。后来，他经过努力做了大官。

人生中，比金钱重要的东西有很多。新中国成立初期，祖国发展迫切需要很多人才，这时候，很多在国外的中国人便千里迢迢回到祖国的怀抱，为祖国初期的发展作出了巨大的贡献，大数学家华罗庚、物理学家钱学森等人就是其中的代表。他们放弃了美国优厚的待遇，带着妻子孩子穿过太平洋，躲过敌人的围追堵截，登上了祖国的土地。祖国人民会永久地记住他们，赞扬他们的伟大精神。他们没有因为金钱而违背自己的爱国之心，是道德高尚的人，是我们学习的榜样。

我们要有正确的金钱观，还要正确使用金钱，做金钱的主人，而不是奴隶。钱可以积累下来，买自己生活需要的衣服粮食等，还可以捐助穷人，使他们不会受饿受冻，使上不起学的孩子能读书。

只有正确认识并使用金钱，才是树立了正确的金钱观。才能使生活中处处充满美好，自己也会随之感觉到快乐。

金钱观从小培养

良好的习惯是从小养成的。想要将来真正做金钱的主人，就要从小培养。

不随便要钱，懂礼貌。父母给的零花钱要学会积攒，不要钱一到手就花掉，应该等该花的时候再花。学会把钱花在有意义的地方，比如买书等，而不是打游戏或上网。学会与人分享，比如把钱捐献给贫困者或者赠送好朋友小礼物，这样虽然自己没有花钱，但是可以给别人带来快乐。适当的时候可以抓住机会赚点钱，这样可以体会到劳动的乐趣，还可以知道赚钱不容易。

正确的金钱观将影响人的一生，所以要从小注意培养。

视角延伸

传奇二

真金不怕烈火焚——特征属性

1 金的脾气

娓娓道来

早在45亿年以前，在浩瀚的宇宙中就有了金的存在。经过漫长的历史演变，地球上就出现了金。金这种珍贵的金属能够在地球上存在这么长的时间，在很大程度上是由它那“坚忍不拔”的性格决定的。

金光灿灿

金的化学性质相对来说是比较稳定的。我们都知道，如果铁长期暴露在潮湿的空气里或者浸泡在水中，就会出现铁锈，但是金则不会。不管我们把金放在水里浸泡多长的时间，它都不会发生任何的改变，依然是那么的金光灿灿。这就是说，金在水中具有极强的稳定性。

抗氧化金粉

那么遇到熊熊的烈火金会发生改变吗？我们经常说的“真金不怕火炼”就为我们揭晓了答案。金的熔点很高，科学家们的实验证明，金的熔点达到1000℃以上。在一般的大火下，金是不会轻易熔化的，也不会发生任何的改变。但是，温度一旦超过金的熔点，它也会被熔化，这个时候它就会发出绿色的蒸气。

金能够“水火不融”，那么在腐蚀性极强的酸中会发生改变吗？如果我们把金放到单独的硝酸、盐酸或者硫酸中，我们会看到金依然像在水中一样，金光灿灿。但是，如果将这几种酸按照一定的比例组合配成“王水”，那么这种“王水”就会成为金的克星，在一眨眼的工夫里，金就被融化了。

现在，考古学家们发掘出了许多的古代文物，它们已经有成百上千年的历史了。在这些历史悠久的文物中，有很多是由黄金铸造的，这些文物经过长时间的风吹雨打，今天展现在我们眼前的依然是那么的金光璀璨。

虽然金在空气和水火中能够岿然不动，但是在外力的捶打下，金是很容易发生“动摇”的，这个时候的金就没有那么的“坚忍不拔”了。在众多的金属中，金是最具有延展性的一种。在通常情况下，1克金能够被拉成20000多米的金丝。经过捶打，金还能够成为比纸张还薄的金箔，把这金箔对着光看，我们还会发现它是绿色的。如果我们的指甲在金块上轻轻地划过，就非常容易留下痕迹。因为金具有这么好的延展性，所以很容易被加工成为各种物品，尤其是在制作各式各样的首饰时，

银

金就会成为首选材料。

除此之外，金还能够导热和导电，但是它导电性能没有银、铅、铂、汞这四种金属强。

通过这一章节的介绍，我们看到了金多变的脾气性格，有时候坚忍不拔，有时候又是能屈能伸的。

视角延伸

金的“克星”

虽然金能够经受住水火的考验，但是它并不是无坚不摧的，除了上面我们说的“王水”之外，金的“克星”还有不少呢！

金会溶解在氰化物的溶液中，比如说氰化钾溶液；金遇到汞也会溶解。在高温的作用下，金能够和溴、氟、氯等化学元素发生化学反应，生成一种新的物质叫做“卤化物”。但是这些卤化物又极其不稳定，温度再高一点，它们又会重新发生分解。

除此之外，金的“克星”还有高温熔融状态下的氢氧化钠和硝酸钠等物质。

2 金也有富贵贫贱

娓娓道来

金作为自然界中一种极其重要的金属资源，一直以来都被人们视若珍宝，但是不是所有的金都是一样珍贵的呢？在金的大家族中有没有富贵贫贱之分呢？下面我们就走进金的大家族，来一探究竟。

并不是所有的金都是纯的，绝大部分的金都含有其他金属，人们根据一块金中含金量的高低来区分金的“富贵贫贱”。

金可以分为生金和熟金这两大类，这是人们根据金的性质进行的划分。其中生金是指那些直接从矿山中采出来的金了，这些金没有经过人为的任何加工，所以往往伴随着其他金属。而熟金就是指那些经过提炼加工后的黄金。相对来说，经过提炼的熟金的含金量会比较高一些。

熟金

人们又把生金分为沙金和矿金这两类。

沙金

矿金一般出现在矿山中，它们是伴随着地底的热泉在山间岩石的细缝里沉积而成的。在矿金的产生过程中，还有其他的金属，如银、锌等，这些金属与矿金混合在一起，被称为合质金。由于各个地方的矿山中其他金属含量不同，所以矿金中所含黄金的比重也不同，一般来说，在50%～90%之间。

沙金一般会出现在河流的最底层，

热泉景观

由于河底的泥沙淤积，所以在沙金中带着很多的泥沙，这就形成了“鱼龙混杂”的局面，这也就是“沙金”这一名称的由来了。沙金的形态各异，大的像黄豆，小的如细沙。沙金的颜色也是各种各样的，有的是赤黄色，有的淡黄色，还有的会呈现出青黄色。

人们根据熟金呈现出的颜色的不同，把它们分为纯金、色金和赤金三种。一般来说，金子的颜色越金黄，它们的含金量就越高。在这些金子中，含金量最高的是纯金，经过提纯之后，它的含金量可以达到99.6%以上。赤金的含金量也很高，一般在99.2%～99.6%之间。相比之下，色金的含金量就要低很多，有些色金的含金量只有30%左右。

人们在金子加工的过程中，往往会掺杂其他的金属物质，根据金子中掺杂的金属物质的不同，又把熟金分为清色金、混色金和K金这3类。

其中只掺有白银的金子被称为清色金，它常常被用于加工成为金条、首饰以及各种器皿等。混色金中除了含有白银这种金属物质以外，还会掺杂着铜、铁、铅等其他金属。而K金指的就是在金子中，铜和银按照一定的比例掺杂起来。我们常听到的24K和18K指的就是K金，其中24K指的是足金，也就是金块中的含金量达到了100%，但是目前的技术水平还不能够提炼出100%的K金。

由于金子中含金量的不同，造成了“富贵贫贱”之分，这就使得金子们的价值有了很大的差别。

视角延伸

慧眼识金

金子有“富贵贫贱”之分，一些不法分子也常以制造假牌号、仿制戳记，用稀金、亚金甚至黄铜等手段冒充真金。那么我们该如何去辨别它们的价值，究竟怎样能够挑选出真正的高纯度黄金呢？这里简单地介绍一些鉴别方法。

（1）看金子颜色

黄金纯度越高，色泽越深。一般可按色泽来大体确定成色，赤黄色的成色在99%以上。紫黄色的金子成色为90%～95%，淡黄色的金子成色为80%～85%，青黄色的金子成色为65%～70%，色青带白光的金子成色为50%～60%，微黄而呈白色的金子成色为50%以下。

（2）掂黄金重量

未镶嵌宝石的黄金，真品托在手中应有沉坠之感，假品则手感轻飘。

（3）看黄金硬度

一般来说，纯金柔软、硬度低，用指甲能划出浅痕，牙咬则能留下牙印，杂质多的较硬；纯金柔软容易折弯，而纯度越低越不易折弯。

（4）听黄金声音

成色达99%的真金抛掷在硬物表面上会发出叭哒声无弹力，而成色低的黄金会发出“当当”响声，而且有余音，落地后还剧烈跳动。

（5）看黄金标记

国产黄金饰品一般按国际标准提纯配制成，并有戮记。例如，“24K”标明“足赤”或“足金”；18K金标明“18K”字样，成色低于10K就不能打标记。

3 金与人类历史的发展

娓娓道来

金这种特殊的金属，自始至终伴随着人类文化的发展。大概在 1.2 万年前，从人类发现并认识金开始，金就与我们人类的生活和发展结下了不解之缘。金作为一种财富的象征，从一开始就点燃了人们心中强烈的渴望。这也是古今中外人们对金的共同的态度。

黄金是财富的象征

从商代到清朝（公元前 11 世纪到 1840 年），中国的黄金文化数千年来兼容并蓄，一脉相承，形成了一条独特的文化主线。当时间像流水一样带走了其他绝大多数的文明痕迹后，那些仍然鲜亮的

黄金的工艺品

黄金制品依然散发着迷人的光芒，诉说着一个一个的朝代兴替和人心善恶。

其实黄金最初只是因为产量小（物以稀为贵），便于携带，能分割，并且性质稳定而作为货币存在的，它成为了财富的象征。后来财富扩大到一定程度，人们发现把黄金经过加工，做成工艺品展示出来后，可以更好地显示自己的财富和地位，这极大地满足了拥有者的虚荣心，所以黄金的工艺品也就出现了，并且它凭借自己稳定的特性被永久地

黄金的储备

保存了下来。再后来人们把它加工成其他更小、更精致的工艺品，佩戴在自己的身上，一条成型的黄金产业链的雏形也就出现了。

然而，当一部分黄金已经无法满足自己的生产、生活需要时，人类便产生了掠夺别人财富的想法，战争也由此爆发了。比如清朝的鸦片战争，西方人认为中国是个黄金满地的地方，对于黄金的追逐驱使他们开始了对东方的掠夺。

那么，黄金在人类历史上除了作为货币以外，还有没有其他的积极影响呢？答案是肯定的。600 多年前新航路的开辟就是最好的证明。

在新航路的开辟中出现了几位非常著名的航海家，其中有一位就是麦哲伦，他率领的船队完成了人类历史上的第一次环球航行，这一次的航行也证明了地球是圆的。这次远航最初的动机是西班牙皇室想要探索自己范围以外的财富，决定进行远洋航行。

也正是这一次新航路的开辟，东方和北美的很多黄金流入了西方的很多国家，为这些国家以后经济的发展提供了必要的资金上的支持，为欧洲后来发展现代工业提供了资本。同时，世界各地开始了更密切的联系，各个大陆的关系得到了前所未有的拉近，人类历史在不知不觉中已经换了时代。

在当代，黄金的储备更是体现了一个国家的经济实力。在国家的经济、军事、文化发展中，黄金无可替代地成为了最重要的角色之一。

视角延伸

金有善恶吗

很多人认为，人类的一部分恶念或恶行都是因为黄金的存在。把这些消极的影响归罪于黄金本身。这种观点，其实是相当片面的。

黄金本身只是一种金属，是地球组成的一部分，只是因为被人类赋予了某些定义和价值，从而变得不一样。但是黄金是没有善恶之分的，所有的善恶都是因为拥有者的思想和行为，只不过是通过黄金体现出来的，而黄金本身就像水一样，能灌溉良田，丰产、丰收，也能淹没村庄，使生命消失。但它本无所谓对错。

最重要的是拥有金子的人们应该正确地去看待金子，千万不可以过分地追逐，成为金的奴隶。

4 金能成为身体的一部分吗？

娓娓道来

金在我们的社会生活中发挥着巨大的作用，可以说与我们是息息相关的，但是金能够成为我们身体的一部分吗？它会出现在我们的身体中吗？答案是“肯定不会，而且绝对不能”。

虽然金是一种非常稀有的金属，它的价值非常高，我们也将金视若珍宝，但是这个珍宝一旦进入到我们的身体中，便会对我们的身体健康产生非常重大的危害。

一种重金属

金是一种贵金属，同时也是一种重金属，重金属对人体的伤害是极其巨大的，有时候，哪怕是一点点的重金属元素进入到人体，都会对人的生命造成严重的威胁。

但是在中国古代，人们对自然科学的认识还处于一种最原始的阶段，愚昧无知的人们就认为既然黄金在火中烧不坏，在水中泡不烂，那么它就是无坚不摧的。如果人们把

道士

这个无坚不摧的黄金吃下去，那么也能够像黄金一样无坚不摧，从而长生不老，这也就是古代人所追求的“长生不老丹”。于是，炼丹家们就纷纷开始着手去提炼出一种被称为“金液”的东西，他们认为，人如果吃了这个“金液”就能够延年益寿，长生不老。

在中国古代历史上，上至皇帝，下至百姓，出现过许许多多对长生不老孜孜追求的人们。比如秦始皇就是一个典型，他统一中国之后，便开始网罗天下所有的炼丹秘笈，召集天底下许多的炼丹道士来炼制这个长生不老药。

到了西汉，又出现了一位非常热衷于炼丹术的贵族，他就是淮南王刘安。他派人四处张贴告示，在全国召集了几千名方士，这几千人在他的王府中修炼金丹，有时候还进行一些特异功能的表演。刘安还把这些炼丹术用文字的形式记录下来，写成了《淮南子》和《淮南万毕术》等书。

到了唐朝，炼丹术得到了前所未有的发展。我们所熟悉的大诗人李白也曾经在蓬莱仙岛上采仙草，炼仙丹，追求长生不老。

历史上有这么多的人追求长生不老，但是结果呢？没有任何一个人能够长生不老，甚至还有很多人是被“长生不老丹”给毒死的。唐代就有六个皇帝死于“长生不老丹”，比如唐太宗李世民、唐宪宗、唐穆宗，等等。

看来，这所谓的“长生不老丹”其实是一种毒药。因为中国古代的那些丹药并不是真正意义上以植物为原料的“药”，它们大多数是从五金、八石和三黄中提炼出来的，得到的其实是一些含有很多汞和铅等重金属的物质。古代人们则将这些重金属作为长生不老的仙丹，直接吞服下去，这会引发严重的重金属中毒，危及生命。

古代历史上那么多人因为“长生不老丹”而死的事实都在告诉我们，金，绝对不能成为我们身体的一部分。

葛洪炼丹

视角延伸

可怕的金中毒

人们一旦不小心吞服了金制品，就会引发金中毒。

那么金中毒的症状都有哪些呢？

一般来说，如果是轻度的金中毒，症状主要表现为上吐下泻、口角发炎、舌头发炎、心慌，等等。如果金进入到人体，对肝脏造成伤害时，就会出现厌食、皮肤上长出黏膜等症状。有的时候，还会出现呼吸急促困难、心肌梗塞，甚至出现中风的情况。

面对金中毒，我们该怎么办呢？

这个时候，我们应该想尽一切办法催吐，可以用筷子或者手指去抠喉咙，这样做可以尽量地减少胃里金的含量。当然，最重要的还是要及时到医院就诊，采取及时有效的医疗措施。

古代炼丹术

5 永世不变的珍藏

娓娓道来 当你经过珠宝店的时候，有没有注意到陈列在橱窗里那些金灿灿的饰品呢？它们在灯光的照射下熠熠生辉，光彩夺目，这些就是用黄金制作而成的饰品。

在20世纪的70、80年代里，夫妻之间的结婚戒指大部分都是金戒指，寓意“情比金坚”，希望感情能比金子还要稳定长久。在有的人家中，上一辈的老人们往往会把黄金制造的首饰当做是传家之宝，一代一代地传下去。而对于那些经济条件比较困难的家庭来说，一对金耳环或者是一枚金戒指，就有可能成为一个女人一生的梦想。

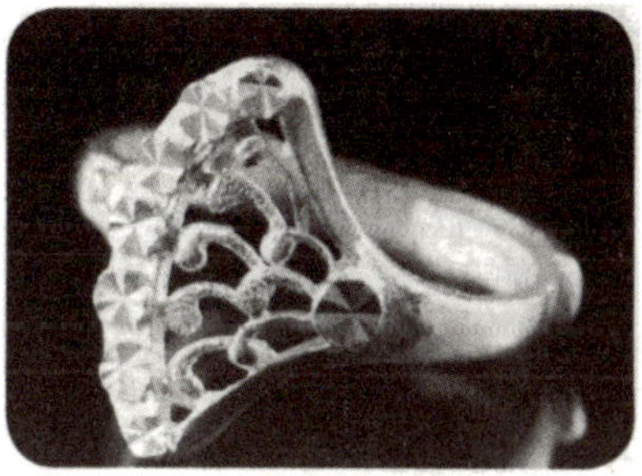

金戒指

金耳环

因为金具有很好的延展性，所以它能够被加工制作成为各种各样的饰品，例如黄金的项链、黄金的耳环、黄金的手镯，还有金戒指等，有的时候能工巧匠

金手镯

们还会将金块制成各种工艺品，以供人们欣赏收藏。再加上金的化学性质比较稳定，而且黄金的价值也很高，因此，用黄金制成的首饰盒工艺品往往会成为人们永久保存的珍藏。

但是，市场上那些琳琅满目的黄金首饰并不是完全用黄金打造的，由于100%的黄金极难提取，再加上黄金比较软，所以人们往往会在黄金中掺杂一些其他的金属元素。

在市场上还有很多仿黄金的首饰，常见的有镀金首饰、鎏金首饰和包金首饰这三种。

镀金首饰是用银或铜来打造首饰，然后再在它的表层镀上一层黄金，这样，这件首饰看上去就跟其他用黄金打造的首饰一样金光灿灿，但是它的价格又比那些纯黄金首饰要低很多。

鎏金首饰早在古代的时候就已经出现了，它的制作工艺比较复杂。首先是要把金子放在水银里面水解，然后把这个溶液涂在已经制作好的饰品的表层，晾干以后还要用炭火来烘烤，最后还要用玛瑙来轧光。

包金首饰是先要用其他的金属来制作首饰，然后把金子压成薄薄的一片薄片，这个薄片就被称为金箔，接着用机器把金箔牢牢地包裹好首饰，让这个首饰的表面均匀地覆盖上金箔。

除了能够被制作成饰品而成为人们的珍藏，在很多时候，黄金还会被人们直接收藏。因为黄金的价值比较高，所以有很多人会在市场上直接购买金条作为保值品收藏起来。黄金的价值会随着市场的波动而变化，如果人们发现手里的黄金比当初买进来的时候要高，就会选择把这些黄金卖出去，以此来赚取差价。

随着这样一种交易的逐渐扩大，在世界范围内就形成了一个黄金市场。在这个黄金市场里，人们就是在用钱换黄金，或者把黄金换成钱。

在世界上，有很多国家会把自己国家的外汇储备折换成为黄金，比如美国、法国、瑞士等这些发达国家就曾经这么做的。在他们看来，虽然黄金的价值会发生变化，但是变化的幅度不是很大，相对来说，黄金的价值还是比较稳定的，他们也就把黄金作为保值增值的手段了。

视角延伸

白色的金子

在生活中，我们常常会听到“白金”这个称呼，头脑中对白金的第一反应就是“白色的金子”，其实，只有铂（PLATINUM）才可以称为“白金”铂是种银白色的贵金属元素学化性质稳定，用于耐腐蚀的化学仪器以及首饰等。而常见的K白金是由金和银或者由金银铜合成的。

白金有很好的反射性，在阳光或者灯光下会反射出灿烂夺目的光芒，因此师傅们在很多时候也会用K白金来制造首饰。人们戴上K白金首饰就显得光彩夺目，非常耀眼。

同时，K白金比较容易保存，不易失去光泽。除了金灿灿纯黄金首饰之外，K白金首饰也受到了人们的青睐。

6 遍地黄金的中国

娓娓道来

在几百年以前，有一个人名叫马可·波罗，他从遥远的西方来到东方，走遍了东方的各个国家，回去之后写了一本非常著名的游记，名字叫做《马可·波罗游记》。这本游记以生动的文字向当时的西方人们展示了一个别样的东方世界，在书中，马可·波罗将东方描绘成为一个黄金遍地的世界，这吸引了一批又一批的西方人来到东方，获取财富。

马可·波罗

正如马可·波罗所描述的那样，东方确实是一个黄金遍地的世界，它拥有非常丰富的金矿资源。现在，我们就一起来看一看黄金遍地的中国。

我们的祖国地大物博，矿产资源非常

丰富，其中，金矿资源在世界的金矿资源总量中占有不小的比重。

在我国，几乎每一个省都有金矿资源的分布，其中每年黄金产量最高的还是要数山东省了。据统计，山东省一共有71座黄金矿山，这些金矿山主要分布在招远、青岛、威海、潍坊等6个城市。山东省共有5个规模极大的产金地，它们每一年能够产出50000两以上的黄金。在每年全国众多的产金地产金量的排名中，前7名的产金地都是属于山东省，每一年山东的黄金产量在全国都是独占鳌头的。

黄金开采

紧随其后的便是河南省了，它是中国第二大产金大省。河南省的黄金产量主要集中在三门峡市、洛阳市和南阳市。金矿工业已经成为河南省一个非常重要的工业，是很多地方财政收入的主要来源。

湖北省的黄金产量也是不甘落后的。在湖北省境内大约有20多个产金地，其中规模较大的矿山有11座，主要分布在黄石、宜昌、秭归、咸宁、阳新和罗田等地区。湖北省每年的黄金产量有2000多千克，远远超出了全国平均产量。

相对于几个产金大省来说，宁夏的黄金产量相对是低的，每年的黄金产量只在30千克。天津市的金矿资源也非常匮乏，只有蓟县黄花山金矿和大通炼钢厂这两个黄金生产单位，每年的黄金产量也只有60多千克。

除了山东、河南、湖北、宁夏这几个省之外，全国的其他省份也有金矿资源，例如广东、湖南、贵州、广西、西藏、四川，等等。根据统计资料显示，在我国34个省份中，产金省有31个，几乎每个省份中都有几个规模较大的产金地，形成了我国产金地点多面广的局面。

由此看来，中国真可以说是一个“黄金遍地”的国家啊！

视角延伸

展望未来

中国的金矿资源如此丰富，市场上对黄金的需求量也比较大，这也促进了黄金工业的发展。

目前，黄金主要还是用于制造珠宝首饰等装饰品，还有一部分是投入到了电子仪器、奖章等行业中，除此之外，黄金还可以用于投资。

但是，由于黄金的价格昂贵，人们开始寻找黄金的替代品，以此来减少生产的成本。在进入20世纪80年代之后，市场对黄金的需求开始处于一种停滞不前的状态。虽然说对于黄金首饰，人们仍然有很大的需求，但是已经大大不如从前了。

展望黄金的未来发展，有的经济学家认为，未来人们有可能会将黄金作为一种投资交易的手段，而将黄金作为收藏品的人可能会越来越少。

7 金的回收和再利用

娓娓道来

在街头巷尾，我们会经常听到“回收旧冰箱、旧彩电”、“回收旧报纸”之类的喊声，那么在大千世界中有没有回收金子的呢？

在市场上是有专门从事黄金回收的，他们把一些用黄金打造的物品或者含有金子的东西回收过来，根据自己的需要进行再次利用。

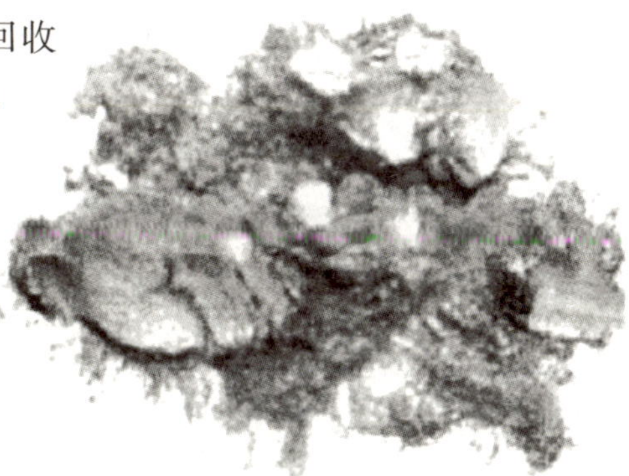
工业金粉

从事黄金回收的企业常常会把黄金的饰品、金块、金币、金条、工业金粉等所有与黄金有关的东西作为回收的来源。回收黄金的公司的规模有大有小的，有一些是专门回收黄金的公司，规模较大，回收的价格也比较高，信誉也比较好；也有一般的黄金回收单位和一些流动性的黄金回收公司，这些公司的信誉和价格就比不上那些专业的黄金回收公司了。

金项链

在回收黄金时，由于没有100%的纯黄金，所以收购商就需要计算出其中的含金量，根据含金量再给出黄金的收购价格。人们常常用“吊水”的方法来测算黄金物品中的含金量。所谓“吊水”就是先把金子放到水里，测量出黄金的体积之后，再根据黄金的密度来计算出这个黄金物品中的含金量。

在黄金回收市场上，有一些专门用以衡量黄金重量的单位，比如盎司、两、钱等。如果人们对于这些单位不了解，那么在与收购商交易时还要根据一定的比例来把这些单位换算成为我们熟悉的“克”。比如1盎司就等于31.1035克，在香港，1钱金换算成为3.75克，而在大陆，1钱金则等于3.125克。

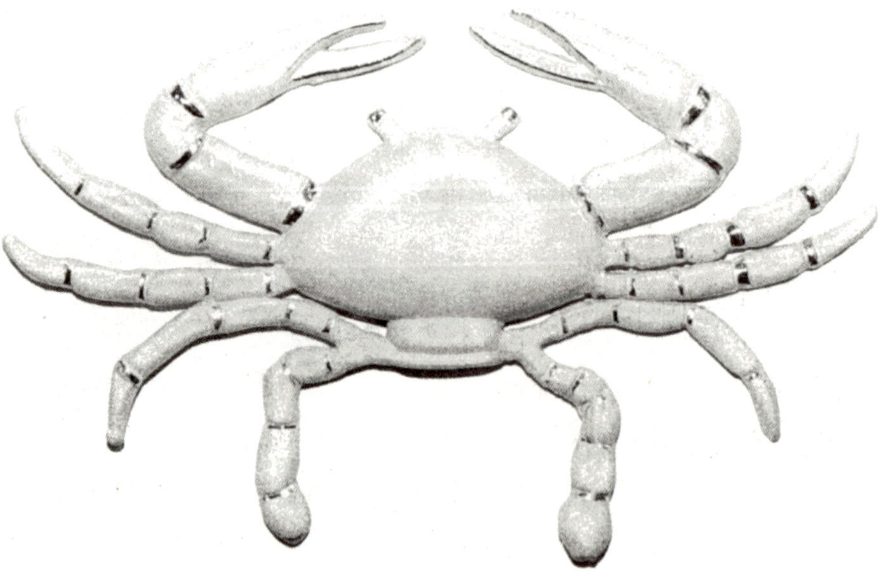

黄金工艺品

在进行黄金回收时，收购商会以基础进价作为参考，根据黄金的含金量以及当时市场上的一些其他因素来确定收购的价格，这个价格一般是在基础金价上进行上下浮动，不会偏离得太多。市场上的基础金价一般以上海黄金交易所的黄金价格、国际黄金价格为准，如果是在香港、深圳等地进行收购，就会参考港金的价格。总之，是根据每一个地方的不同情况来确定的。

因为黄金的性质比较稳定，在回收的过程中损耗比较少，再加上黄金本身的价值非常高，所以在回收之后，黄金仍然是个宝。

那么回收之后的黄金会流向哪里呢？在市场上，有些人会以较低的价格将黄金回收，然后辗转到另外一个市场，以较高的价格将这些黄金变卖，从中获取利润，赚取钱财。

除了变卖成为现钱之外，人们还会对有的黄金进行再次加工。在黄金精炼厂里，通过一系列的设备工艺，把回收之后的黄金进行再次加工，从中提

古代黄金的提取

炼出含金量更高的黄金，然后投放到市场上或者重新把它们制作成为各种黄金饰品和工艺品。

黄金在被回收之后仍然是非常珍贵的，它真的是一种非常珍稀的资源啊！

视角延伸

变废液为宝贝

在工业生产或者化学实验室中，往往会产生很多的废液，在这些废液中也会含有非常珍贵的金，这就废金液，这些废金液能不能再次变为宝贝呢？

答案是肯定的。在实验室中，可以选用硫酸亚铁、氢氧化钠或者过氧化氢这些化学试剂对废金液中的金进行还原。进行还原之后，废金液中的金就会沉淀到底部。经过实验，使用这种方法对废金液进行处理，可以回收其中所含金量的97%。

8 金的替代品

娓娓道来

金子在人类的生产生活中发挥着巨大的作用，但是，金是不是就不可替代了呢？面对日益减少的黄金产量，是不是有其他的东西可以代替金子的某些用途呢？

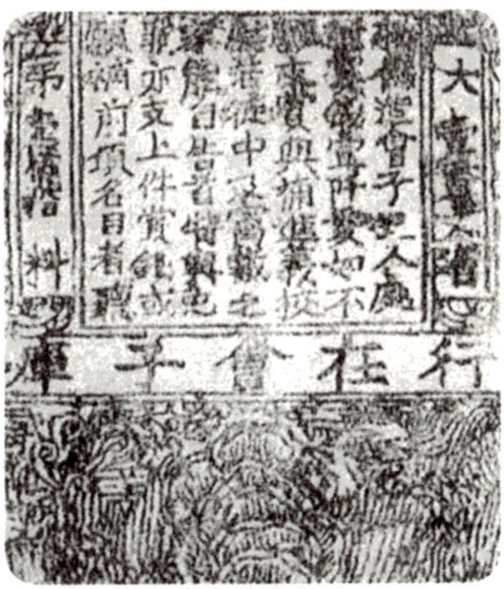

交子

其实，早在宋代的时候，聪明的中国人就已经发明了一种金的替代品——交子，也就是我们今天所使用的纸币。

在古代，人们在交易的过程中会用货币来换取自己需要的东西。一开始，这些货币是贝壳，后来，逐渐用金子、

世界上最早的纸币——宋朝交子

银子等一些贵重的金属作为货币。在使用的过程中，人们逐渐发现，金、银非常笨重，不便于携带，而且使用的时间久了，金、银还会出现磨损的情况。人们就开始思考，是不是可以用另外一种东西来代替这些笨重的金银呢？

于是，纸币就产生了。北宋时期的四川成都，出现了世界上最早的纸币，那时候的纸币被称为“交子”。北宋时期还没有银行，最早的交子就由做买卖的商人们来发行了。

随着市场交易的日益繁荣，商品经济的不断发展，交子也被越来越广泛地使用了。后来，很多商人联合起来，把这些交子统一起来，在很多地方都成立了交子分铺，这个交子分铺就跟我们今天的银行有点儿类似了。

那么这些交子会不会被人伪造呢？这一点完全不必担心。那时候的交子上印有许多暗记，而且还需要使用者亲自画押签字，这样别人就很难伪造了。

交子的出现，弥补了金银作为货币的不足。随着历史的发展，也逐渐取代了金银作为货币的功能。交子使得人们在交易过程中更加便利，这也极大地促进了商业的发展，真可以说是一大创举啊！

欧洲最早的纸币要比我国晚出现几百年。1661 年，瑞典银行发行了欧洲的第一批纸币。

现在，世界上一共有 200 多种不同的纸币，这些纸币面值分别在世界上 193 个国家以及其他地区流通着。纸币上的图案和样式是各不相同的，这些图案是人们根据自己国家的文化而精心设计的。有的时候，我们通过一张纸币就可以看出这个国家的文化特点。

在众多的纸币中，流通性较广的纸币有我们国家的人民币、英国的英镑、欧盟的欧元、美国的美元以及日本的日元，等等。这些纸币并不是等价的，比如说，100 元的人民币可以兑换 1227 日元，但是只能够兑换大约 10 英镑。这些纸币之间不同的汇率会受到多方面因素的影响，并会随时发生变动。

欧元与美元

视角延伸

古代的支票——会子

在宋代，除了交子之外，人们还发明了支票，那时候，它的名字叫做会子。

会子最早出现在北宋时期的临安，也就是今天的杭州，最初产生的时候，它是一种取钱或者取物的凭证。当时的会子还有很多名称，如钱会子、寄附钱会子、湖北会子等，每一种会子都有它自己的特点。比如湖北会子，它最初的使用范围仅仅限于湖北地区，因此得名。

后来发展到了南宋时期，会子逐渐有了货币的功能，它能够直接用于交易。南宋由政府（后由户部办理）发行会子，一时间，它就成为了宋朝发行量最大的纸币。

南宋政府印刷这么多的会子，是为了解决财政危机，但是货币的发行是需要遵循一定的规律的，南宋政府这么做完全违背了规律，造成会子的贬值，钱越来越不值钱，给当时的经济发展带来了极其恶劣的影响。

传奇三

千姿百态显真性——自然奇观

1 黄金海岸

娓娓道来

“黄金海岸”是个出镜率很高的词，国内外命名为“黄金海岸”的地方很多，似乎只要有海，有沙滩，有点资源，有点人气都可以称为“黄金海岸”。然而最有历史渊源，最有名气的当然要数加纳黄金海岸。

加纳过去就叫黄金海岸，因盛产黄金而得名。15 世纪新航路开辟后，葡萄牙人听说非洲盛产黄金，就入侵非洲。他们进入非洲后，到处搜寻黄金。没多久，他们在加纳沿海真的发现了很多金砂。加纳沿海盛产金砂的消息不胫而走，荷、英、法等国接踵而来。19 世纪末，英国占领加纳，称它为“黄金海岸”。

加纳

黄金海岸还是“奴隶海岸”，在 500 多千米长的海岸线上，即东起沃尔特河口、西至塔诺河口的几内亚湾沿岸，有 30 多座大小不等的奴隶堡，其中埃尔米纳奴隶堡是修建最早、规模最大、保存最完好的。这个最大的陈痕累累的古堡总体看来是长方形，外围两侧六个小方棱堡护着中间的主楼，主楼中间矗立着八角形塔楼。院内有深水井、军火库、仓库和嘹望哨所。在城堡上排列着几门大炮，洞口深深。

这些古堡是为掠夺黄金而修建的。后来，由于贩卖黑奴更易谋取暴利，于是城堡变成了奴隶市场。市场中贩卖的主要对象是米纳人和科罗曼人，他们体魄健壮，吃苦耐劳，售价最高。在长达三四个世纪的岁月里，加纳沿海成为西非地区最活跃的奴隶市场。这些奴隶堡就是西方殖民者罪恶行径的历史见证。

加纳人民为了自由、独立战斗了很长时间。20 世纪中期，加纳人民终于自由了，将“黄金海岸”更名为“加纳”，成立了加纳共和国。

加纳国土面积虽小，仅 23.9 万平方千米，但它不仅有辉煌的历史，还有颇具特色的经济产业。加纳是黑非洲最古老的国家，公元 3~4 世纪就建有古国，历史上疆域也曾经很辽阔。现今，加纳农业很有特色，它有“可可之乡”的美誉，可可是一种经济价值高的作物，有“绿色黄金”之称。加纳的可可产量曾居

埃尔米纳奴隶堡

世界第一，世界上一半以上的可可都出自加纳。

加纳矿产资源很丰富，主要产钻石、黄金、铁矿、锰、石灰石、红柱石、铝矾土、高岭土和石英砂。其中黄金产量虽然不是很高，但知名度很高。加纳的金矿优点很多，如品位高、纯度高、易开采等。

视角延伸

加纳大学

加纳大学是加纳最大的大学，前身是黄金海岸学院，现今是一所综合性大学，占地面积很大，树木茂盛，风景怡人。前任联合国秘书长安南卸任后回到加纳，任加纳大学校长。

加纳大学的地位很高，是加纳政治家的摇篮，加纳的几名副总统都出自于此。这所颇负盛名的大学位于加纳首都阿克拉，成立于1948年，如今也是非洲最好的学校之一，现有学生超过3万人。学校建筑因为修建时间不一样，所以呈现两种风格，修建于黄金海岸时期的带有殖民地时期特点，新修建的则带有现代风格。加纳大学标志性建筑就是学校图书馆，这也是加纳最大的公共图书馆。

2 金星凌日

娓娓道来

在久远的古代，我国天文学家就发现了距离地球最近的五颗行星，于是就用五行来给它们命名。其中金星是五颗行星中距离地球最近的，它有时候天亮前出现在东方，古人就称它为“启明”；有时候天黑后出现在西方，古人就称它为“长庚”。

金星凌日是一种奇特而又罕见的天文奇观，它出现的规律一般分两组，8 年、121.5 年和 8 年、105.5 年，总体来说每 243 年左右才出现四次。2004 年、2012 年分别出现了一次，下一次要到 2117 年再出现。

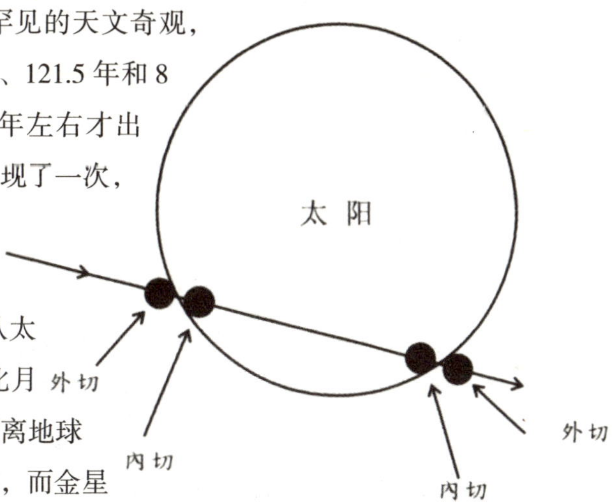

金星凌日示意图

金星凌日发生原理与日食类似，是指从地球上看，金星从太阳面前经过的现象。虽然金星比月球大得多，但因为月球比金星距离地球近得多，所以能将太阳全部遮住，而金星则不，固又称小日食。金星凌日有五个特殊时

金星凌日

刻：凌始外切、凌始内切、凌甚、凌终内切、凌终外切。其中有两个有趣的现象：黑滴、光环。

所谓的“黑滴”现象在我们平常中时有发生。比如，我们将两个手指对着光亮慢慢靠近，当就要碰在一起又没有碰到一起时，你能看到两手指间有阴影将它们联系起来，这个阴影看上去像水滴，这就是黑滴现象。同样，在观看金星凌日时，在凌始内切和凌终内切的时刻，即金星边缘和太阳边缘互相距离很近而又没有接触时，会发现有非常细的丝将两个边缘连接，这就是凌日时的黑滴现象。这个成因比较复杂，与多种因素有关，比如我们大气层中望远镜显示图像的清晰度、望远镜“极限分辨率”、光的衍射（波遇到障碍物或小孔后通过散射继续传播的现象）、太阳光芒越靠近金星的边缘越暗等。

光环现象则是在入凌和出凌阶段，有时候我们看到金星边缘会有一线极细的“晕环”或“光环”。这个“晕环”是由于金星大气层顶部反射、散射阳光形成的。使用目镜投影方式可看到它，但如果将望远镜加滤光片，则会更清楚。

“我看见了金星，它像太阳面庞上的一粒胎痣。”这是阿拉伯自然科学家、哲学家法拉比（870 ~ 950 年）在观察金星凌日后对它的描述。他是世界上第一个用肉眼观察金星凌日的人。据推算，此次发生在公元 910 年 11 月 24 日。其实直接用肉眼观察金星凌日是不妥当的，有可能对眼睛造成伤害。所以观测时最好使用专用的日食观测卡，还可以用几层过度曝光的胶卷、电焊防护玻璃或熏黑后的普通玻璃等作为观测工具。相对而言，用望远镜进行投影观测效果最佳。无论采取什么样的观测方式，都不要长时间地盯着太阳看，注意让眼睛休息片刻。

金星凌日不是一种普通的天文现象，它有着重大的科学价值。借助于金星凌日，天文学家发现了金星上有大气存在，也曾第一次较为精确地测量了日地距离。而如今，天文学家在这种想象的启发下，正在寻找其他恒星周围的大行星。

专业的观测设备

视角延伸

太白金星

我国古人给金星还取了个名字——太白金星。金星的确太明亮了。望着它，有着浪漫气息和丰富想象力的古人，怎能不浮想翩翩？于是，一个个关于太白金星的故事流传了下来。

在《西游记》中，有一个和孙悟空交注甚密的好老头，他就是太白金星。不只《西游记》，其他古典小说中，也有浪多关于太白金星的传说，可见他人气之旺。在我国原创宗教——道教中，太白金星是一个举足轻重的人物，他的地位仅次于太上老君、元始天尊、通天教主。道教里的太白金星神最初是一个女神，身穿黄裙，头戴鸡冠，弹着琵琶，明朝之后成为一位老神仙，鹤发童颜，眉慈目善，担任西方巡使一职，常下界监察人间善恶。

当然，众多传说中，与李白有关的最具有传奇色彩了。传说李白母亲梦见太白金星落入怀中，尔后孕而生李白，由此取名李白，字太白。说来也神奇，李白长大后也确实“仙气飘飘”，他好酒任侠，漫游天下，学道学剑，笑傲王侯。他的诗，想象奇特，气势澎湃，无人能及，素有“诗仙“之称。

3 金刀峡

娓娓道来

金刀峡，传说峡中有一把金刀，每当夜晚时分，金光闪闪照耀峡谷，金刀峡因此而得名。金刀峡是重庆市北碚区华蓥山西南麓的一个神奇峡谷，它保持着原始风貌，地势雄伟，峡深谷幽，木秀水清，瀑布飞泻，怪石嶙峋。金刀峡素有“中国第一险峡”，“金刀归来不看峡”的美誉。

金刀峡

金刀峡的来历还有另外一个传说。元朝末年，华蓥山下有一壮士张昆，他勇猛过人，行侠仗义，颇有侠士风范。因家中贫寒，张昆靠砍柴伐木谋生，经常往来于华蓥山之中。一天，他砍柴迷失于一峡谷，在一洞中的石壁上获得一柄金刀。张昆大喜：天赐金刀，大任将临，定展宏图。他用金刀披荆斩棘，闯出峡谷。

自此，张昆伏案苦读，精修武艺，胆识谋略超群。那时正元朝末年，天下

峡间瀑布

纷乱，张昆携金刀加入山贼组织。此山贼组织后在他领导下，洗心革面，劫富济贫，威振华蓥山一带。后来夏王明玉珍在重庆建夏反元，久慕张昆的勇名，便将他招致麾下。张昆果不负所望，挥着金刀所向披靡，战功卓著，稳定了夏国疆土，夏王赐予别号“张金刀”，封其为“安得猛士将军”。从此，“张金刀”——张将军的威名远扬。家乡的人们为纪念张将军，就把他当年得宝刀的峡谷称作金刀峡。

金刀峡是最近几年才开发出来的，长约 9 千米，已开发 7 千米，海拔 880 米，分上下两段。上段由于水对可溶性岩石的化学溶蚀作用，峡谷幽壑，石壁如削，垂直高度百米以上。金刀峡上有古藤垂挂，参差披拂，下有潺潺流水，蜿蜒曲折。下段由于流水侵蚀的作用，洞穴遍布，潭潭相连，飞泉瀑布飞漱其间，石钟乳、石笋、石柱更是千姿百态。金刀峡主要景点有：惊魂台、神鹰沐浴、悬天飞瀑、狮头峡、弥勒佛、老君醉酒、藏刀洞等。

值得一提的是神鹰沐浴，它在金刀峡上端入口处右侧，此处峡岩突兀雄奇，好像一只巨鹰飞入峡谷，伸嘴喝水，不小心，泉水从嘴边洒淌下来。远看巨鹰，其鹰爪又好似一只小鹰俯视清潭饮水，喝饱后口中剩余的泉水一滴一滴地滴落，惟妙惟肖，情态逼真，更显出金刀峡的险峻。

狮头峡和神鹰峡演绎着共同的神话。狮头峡距神鹰峡不到200米，也处于金刀峡上段。此处峡岩高高耸立，窄幽涧深，溪流时而潺潺低唱，时而咚咚作响，栈道随峡崖急转弯处右岸，一巨大岩石突入峡空，这就是狮头峡。它面容苍老，好似经岁月打磨的老人的脸，它的身上有两层光滑柔顺的弧线，仿佛狮毛，所以得名。狮头峡下有一深潭，绿光闪闪犹如玉翠。

石壁如削的金刀峡

为何右有神鹰左有雄狮镇守峡口呢？因为镇守峡口的两兽原是两位神仙的坐骑，有一天两位神仙贪杯，多喝了几杯瑶池美酒，昏昏睡去。两个坐骑便私自下凡游玩，不想，被金刀峡美景所吸引，不愿回天庭，就留居此地，结为夫妻，过着凡人的幸福生活。两神仙酒醒后发现坐骑不在身边，便上报玉皇大帝。玉帝下旨召回天庭，两兽不从，玉帝大怒，便派天兵前来捉拿。夫妻二人与天兵大战千余回合，王母为二人的深情所感动，便向玉帝求情，玉帝乃命二人永镇金刀峡，保此地平安。

险峻的金刀峡

藏刀洞

藏刀洞，所藏何刀？今何在？不禁让人浮想翩翩。

藏刀洞是一座横卧在峡谷中的天然桥，相传这就是夏国大将军张昆获得金刀的地方。洞周围绿荫蒙蒙，奇丽非凡。洞口两侧峭壁悬崖，鬼斧神工。洞内钟乳石湿润清新，各具情态，其中一处犹如一柄空的刀鞘刺入峡中。远望刀鞘，设想当年张昆初获至宝的情状，定是挥刀神武，喜悦与金光辉映，在峡谷中如星点闪烁。如今刀已随英豪远逝，唯留刀鞘，几百年来，咏叹着金刀的传说。

藏刀洞是由上亿年的地壳运动形成的溶洞，洞内由于长年的二氧化碳流水的侵蚀，形成了如今的形态。

视角延伸

4 金沟河

娓娓道来

“金沟在县东北，乃汴河经金沟集以达于邗沟，隋炀帝筑也。”这是明朝嘉靖年间《天长县志》记载的关于金沟河的情况。金钩河是淮河下游的一条人工河，它的前身叫金钩涧。金钩涧原先是一条小水涧，由淮河水冲刷而成。金沟河曾作为母亲河，创造了近千年的辉煌。由于1969年淮河水从金沟河完全改道，她的历史使命结束了，但是我们却不能将她遗忘。

金沟河开凿于隋炀帝时期，它沟通了高邮湖、大运河、淮河和长江。南下可以经高邮湖入大运河去扬州、苏州和浙江；西去可以入淮河进入河南和安徽；北上经大运河抵达淮安去山东和河北，金沟河成了水上交通要道。金沟河的东岸、西岸，都开挖有多条引水小河。这些小河紧挨在金沟河身上，就像一群儿女匍匐在母亲的怀抱。同时，金沟河也带动了当地经济的发展，干旱时金沟河两岸百姓可引水灌溉农田，洪涝时又可以向金沟河排涝。这里盛产小麦、稻米，很快成为富庶的鱼米之乡。清朝的“银沟古集屋压屋，金钗涧里无人哭”的诗句就是明证。清末，在高邮知州陈伯棠的倡导下开始栽桑养蚕，后来，通过金沟人的勤劳努力，蚕桑渐渐成为当地的特色产业。

由于交通的便利和土地的肥沃，金沟河也带来了金沟镇的繁荣。明清时期，镇上大小店铺 100 余家，南来北往的船只络绎不绝，一派繁盛景象，人们誉称金沟镇为“小扬州”。

金沟河美丽丰饶，它的饮食也颇负盛名，如远近闻名的“金沟三绝”：陈老头的熏烧、高老头的烧卖、陶老头的大糕。另外还有金沟的羹、鱼圆、红烧鹅、红烧肉等美食，也名气不小。

金沟河的便利，金沟镇的富庶，也使这里成了兵家必争之地。在近代史上有记载的战争，如太平天国时期太平军与清军就在金沟河附近进行了 3 次大战，最后一次太平军战败，死伤无数，死去的数万太平军将士被后人埋在

淮河

了河边，这就是远近闻名的六丘坟。

抗日战争期间，金沟河畔的金沟镇是高邮县抗日民主政府所在地，又是高邮湖通往洪泽湖的一个主要码头。日本人曾几次扫荡金沟，均难以立足，被迫撤走。后来日伪军想把金沟镇作为据点，打通洪泽湖与高邮湖的水上交通线，结果被新四军打得躲在据点里不敢出来。最痛快的一战就是六丘坟伏击战，阻击了敌人的援兵，切断了敌人水上补给线，炸毁了敌人从高邮开来的汽艇两艘，截获了六条装满物资的大木船，毙伤日伪军30多人，也就是这一战使日伪军仓皇逃回高邮。

洪泽湖

视角延伸

金钩涧的由来

虽然历史上隋炀帝广受争议，但是他开凿大运河的伟大功绩却不可抹杀，金钩涧的来历就与他有关。隋炀帝在位时一大爱好就是巡游江南，传说有一次巡游时，他在盱眙汴河口弃船登陆到东阳县，在衡阳河（今三河）转乘龙舟东下，准备沿金沟河入邗沟（淮安至扬州的一段古运河）。可是金沟河那时还是一条又窄又浅的行洪水涧，不在行洪期哪能行船呢？地方官吏火速征发数万劳工，日夜开挖，将原来的水涧拓宽、浚深，终于赶在隋炀帝到来前一天挖好了金沟河。龙舟入河那天，人们赶来围观，里三层外三层，都想一睹天子风采。一位贵妃喜欢热闹，将头伸出龙船窗外，不料被窗棂一刮，将头上一枚很贵重的金钗滑落水中。太监们慌成一团，急忙传来地方官，组织民工下水去捞，结果在水底摸了一遍又一遍，终未找到，只好作罢，后来人们就把这条水涧叫金钗涧，后又将金钗涧改称金沟和金沟河。

5 淘金谷

娓娓道来

淘金谷素有“金山”之称，它的后山储金量在平谷境内首屈一指，往来采金的农民最多。淘金谷也与国家黄金矿遗址公园隔沟相望。淘金谷内悬崖峭壁，树木葱茏，鸟鸣啾啾，花香飘飘。在如此美妙的环境中还随处可见古法采金、淘金的真情实景，让人一时间仿佛来到了世外桃源。

淘金谷位于北京市平谷区黄松峪乡，开发于1998年6月，面积4600亩，山坡实地超过1万亩，素有“万亩山寨”之称。景区内资源丰富的自然景观和历史渊源深厚的人文景观交相辉映，是京东最富魅力的旅游胜地。

淘金谷景区有着独特的地势，山岩突兀的谷口，谷里是东高西低的小盆地，谷底近似平川，四周山势开阔，谷中数条小溪汇聚一处，蜿蜒西下，气候冬暖夏凉，空气清新。在小盆地中坐落着20多座山峰，鬼斧神工般突兀壮美，各具情态。这些峰头蜿蜒起伏，连绵不断。20多座山中最为尊贵的宝山是大金顶，山峰近似等腰三角形，如同埃及金字塔。在大金顶北侧，与之相连的有三座山，每座峰头相距直径不足1000米，汇聚诸多景观，让人应接不暇。登上峰顶，展现在眼前的就是一片略有起伏的草地，实在是令人赞叹的“空

塔洼遗址

中草原”。

在淘金谷，雄伟的山体孕育着繁茂的植被，有原始的次生林，也有人工的栗树、柿树、核桃树。在这里，春夏秋冬风光不同，景色各异，春有百花，夏有浓荫，秋天色彩缤纷，冬天素裹银装。

与淘金谷如此丰盛的自然景观相呼应的是底蕴深厚的历史古迹。塔洼遗址位于淘金谷风景区内的塔洼村村北，遗址分布在山前小寺的台地上，它南距万里长城黄松峪关仅 10 余里，是关外第一古寺，是中原文化与北方草原文化交汇融合的地带，塔基犹可见辽金时的沟纹砖。在这里曾发现了宋代古钱和一把锈迹斑斑的铁质禅杖。在寺旁的山顶悬崖上有石刻莲花，花径有 2 尺来长，造形很美，颇有一股仙味。右侧悬崖崖棚内有元、明时香客题记，由题记得知，早在八九百年前，塔洼的深山小寺香客络绎不绝，不少远在千里的香客也慕名前来，足见这座小寺的渊源不凡。这些古墨也构成了淘金谷一大胜景，名曰“高崖古墨”，有诗相伴：高崖寂寂墨已乾，岁月遥遥思至元。

齐洛信徒知多少，寄留诚意在人间。淘金谷有十大胜景，另外九处是：蝎山二泉、一夫当关、北天一柱、金猴平顶、滴水苍苔、老盖黄花、天开一线、洞水三娘、清溪古树。

与淘金谷相关的轶闻传说也很多，如神秘的地宫。一般古塔底下都有地宫，宫内藏入建塔时的宝物。民国年间修订的《密云县志》曾记载："塔洼有双塔寺。"如今寺、塔已不再，徒留遗址。塔毁后，不少人都想挖出地宫的宝物，但至今都没有找到过地宫。有人说，冥冥中有神仙在守护着地宫的宝物。老子与淘金谷渊源很深厚。传说老子西出函谷关不知所踪，经人考证，老子来到了塔洼隐居，并葬身于此地。据说这也是塔洼寺闻名遐迩的重要原因之一。

如今，淘金谷所处的大金山周边，已经开发出桃花海、飞龙谷、石林峡、湖洞水、将军关、黄松峪水库、轩辕黄帝庙、京东大峡谷、京东大溶洞，以及百帝山庄等景区，正在开发的有金章宗双泉禅院、三泉寺等景区。除了淘金谷自有的魅力，再加上这些特色景区的辉映，游览大金山确实值得。

黄松峪水库

视角延伸

神仙洞取宝

这个传说历史并不悠久，发生在民国时期。有一天。塔洼村一个姓张的村民进山砍柴，在山里他发现了一个有点奇怪的山洞，在好奇心驱使下。他钻进了山洞。洞里并不黑暗，他再细看，大吃一惊，只见洞内摆放着各种兵器。刀枪斧剑一应俱全。观察一番后，他看中了一对铜锤，便带回了家。

第二天，他就腰疼难直立。无法干农活，不得不问医求药，可是看了很多医生，吃了很多药，仍不见好。后来，一个算卦先生看到他，说他触犯了山神。他思来想去，想到了那对铜锤，赶紧把它送回了洞里。说来奇怪，在他送铜锤返回的路上腰就不痛了。别人听说此事后，去问他山洞在哪，他至死也没透露。别人也再没找到那个洞。

6

疏芬山——淘金者的圣地

娓娓道来

澳大利亚疏芬山，曾经吸引了一批又一批淘金者，如今吸引了一批又一批游客，不同的时间，不同的目的，却带着相同的对黄金的热望与崇敬。

古今中外，对黄金的追求脚步一刻也没停过。自从19世纪50年代在疏芬山发现金矿后，大批淘金者从美洲、欧洲、亚洲蜂拥而来，距离、时空都无法阻挡人们追寻黄金的脚步。当时，我国的广东和福建等沿海地区有4万多名华工，来到疏芬山淘金，他们把它称为“新金山”，在这里历经千辛万苦，有的梦圆，有的梦碎。

疏芬山

淘金浪潮在疏芬山一波一波延续了近50年。20世纪初，疏芬山的黄金被淘尽挖空，大

以前的矿区已成为旅游地

小矿山相继关闭，疏芬山成为了历史。后来，澳大利亚政府变废为宝，出资修复了金矿矿区，将疏芬山作为旅游观光景点对外开放。如今的疏芬山不仅是一个旅游景点，它还是一段追溯黄金历史的岁月旅程。

疏芬山金矿位于巴拉瑞特市，距离墨尔本西北约 110 千米。墨尔本到疏芬山是丘陵地形，沿途有着大片大片的牧场，错落有致的绿色层次分明。巴拉瑞特风景优美，绿树成荫，鲜花成群，这是一座宁静的现代城市。然而当你走进疏芬山金矿时，仿佛穿越时空般，回到了 19 世纪。

19 世纪的疏芬山充满了欲望的喧嚣，一切都是淘金热时的场景，连工作人员的装束都是百年前的。在这里，你将开始一段独特刺激的怀旧之旅。

首先你可以游览一下主街，主街上的店铺都各有历史与故事，了解它们会让你的旅程更有趣味。与身着 19 世纪 50 年代中期服饰的人们合影留念，还可以到照相馆自己穿着那时的服饰照相，或者邮寄一张印有淘金热时的邮戳的明信片给亲朋，品尝百年秘方制成的糖果和面包，在保龄球馆打 19 世纪中期的保龄球。

现在的疏芬山金矿

然后到电影密室，观摩里面讲述的淘金故事。这些故事都是通过特技手法展现的，其中有一个故事生动地讲诉了两位中国兄弟在疏芬山淘金的经历。他们的传奇故事主要反映了在 19 世纪 50 年代、一大批中国淘金者在巴拉瑞特矿区的生活和淘金状况，他们为改变命运而付出的辛苦努力。

体验淘金的游人

接着参观一下中国村，这是澳洲政府安排的一个特别的展示区，里面还原了当时中国和欧洲淘金者之间互相排挤竞争的紧张关系以及他们恶劣的生活状况，尤其难得的是，你还会发现在国内常见而国外难见的关帝庙。还有中国官楼，相当于现在的中国驻外大使馆，那时是清朝官吏处理有关中国淘金者事务的地方，中国淘金者就是在这样双重的管制和压迫下做着他们的淘金梦，其中的艰难可想而知。

继而，参观一下疏芬山黄金博物馆，里面藏金非常丰富，有金沙、金币、金矿，一粒一块无不代表着金矿区的历史和轶闻；此外你还会看到一块在该地区挖掘出来的金块，价值为250000澳币，它是博物馆内的镇馆之宝。

最后有时间的话，还可以在红山溪矿区亲自淘一淘金，感受一下淘金的乐趣，如果运气好还能淘到金沙呢。

视角延伸

加州淘金热

加州淘金热起始于1848年詹姆斯·马歇尔在靠近科洛马的地方发现黄金，到当年年底，一批又一批人来到加州淘金，掀起了美国历史上最疯狂的淘金热。第二年，来自世界各地的大批淘金者如潮流般涌入加州，他们被称为“49年人”。

对黄金的搜寻集中在内华达山脉西部山脚下，这里是主矿山区。1849年底，加州的人口上升到9万多，3年后达到22万，这一年的黄金产量也达到了高峰。在之后两年内，淘金热的结束和开始一样迅速。大型矿业公司取代了个体的淘金者，淘金群里的人有的转型为农民、商人，有的离开了加州。金矿开采逐渐成为一个稳定且有组织的行业。淘金热带来了加州人口结构的变化，也带动了加州的城市化发展，加州迅速成为繁荣的大都市。然而经济的快速发展，并没有带来加州的整体发展，加州社会秩序很不理想，在马克·吐温等美国作家的作品里就可以看到当时的市井百态，暴力、悲剧充斥其间。

传奇四

双金百炼少人知——哲理典故

1 拾金不昧

娓娓道来

有一首儿歌说来大家一定都不陌生，这首歌是这么唱的："我在马路边，捡到一分钱，把它交到警察叔叔手里边。叔叔拿着钱，对我把头点。我高兴地说了声，'叔叔，再见'。"

银子

轻盈欢快的旋律伴随着我们的成长，这首歌曲在广泛流传的同时，中华民族的一个传统美德也在被一代又一代的人们传承，这就是拾金不昧。

拾金不昧的意思就是说一个人捡到了一样非常贵重的东西，他不会把这样东西占为已有，而是会主动让它物归原主。我们常常用拾金不昧来赞扬一个人的美好品德。

拾金不昧这个成语出自清朝吴炽昌写的一本名字叫做《客窗闲话》的书。当时有一个秀才名叫何岳，他家里的经济条件不是很好。有一天晚上，他在路上走着走着，突然发现前面有一个布袋子。出于好奇，他便走上前去，捡起来一看，呀！袋子里装满了白花花的银子，足足有200多两呢！这在当时，可算是一笔巨额的财产了。

古代官员

何岳带着银子回家了，但是他并不是想把这笔钱据为己有。回到家里的时候，他不敢告诉家里人自己捡到了这一笔钱，他担心家里人会让他把这笔钱留下来。

第二天一大早，何岳就带着这沉甸甸的一袋银子到了昨天晚上他捡到钱的地方。恰恰看到一个人在焦急地寻找着什么。何岳仔细询问了他，这个人能够把袋子里的银子数目和一些标记都答出来，于是，何岳就把钱还给了这个人。

失主为了感谢何岳，就从袋子里拿出一部分银子给他，但是何岳坚决不收，他说："昨天晚上，我捡到钱的时候没有人看见，如果我要这些钱，今天我就不会回来寻找失主了。"那个人对何岳再三表示了感谢之后就离开了。

还有一次，何岳在一个官员家里教书，相当于我们现在所说的家教。这个官员有事情要去一趟京城，财产放在家里不放心，于是他就把一个装有几百两黄金的箱子交给了何岳保管。临走前对何岳说："等到我回来的那一天，我就来找你取回这个箱子。"

哪里知道，这个官员这一去就去了很久。很多年以后，还是没有一点消息。何岳一直保管着这个箱子，连开都没开启过。

又过了一段时间，何岳听说这个官员的侄子回来了，但并不是为了拿回箱子。于是，何岳就千方百计地找到了官员的侄子，把这个箱子交给了官员的侄子，委托他把箱子转交给那个官员。

当时，何岳的经济状况还是很不好，面对这满满一箱的黄金，他一点儿都没有动心。由此可见，他是一个品德多么高尚的人啊！

后来，何岳的事迹被广泛地传颂，人们纷纷赞扬何岳那美好的品德。乡里的长官知道这件事情之后，为了表彰他的美好德行，就为他置办了家产，并且送给他一块额匾，匾上就写着“拾金不昧”四个大字，以此来彰显他美好的品德。

这也就是“拾金不昧”的由来。

我们要向何岳学习，从小养成良好的品德，发扬中华民族的传统美德。

古时候教育

视角延伸

现代社会中的拾金不昧

拾金不昧的故事不仅仅出现在古代，在我们今天的社会中，也出现很多拾金不昧的好人好事。

几年前的一个夏天，广东的一位邓先生在一家少数民族餐厅里就餐。当晚回到家里的时候，他才发现自己的钱包丢了。自己的身份证和银行卡都在钱包里呢！在朋友的提醒下，邓先生决定第二天去那家少数民族餐厅里碰碰运气。当邓先生赶到餐厅向服务员说了相关的情况后，他重新找回了自己的钱包，而且钱包中的东西一样都没有少。

据说，像这样拾金不昧的故事在这家餐厅中已经有过许多次了。每一次客人们不小心将东西落在餐厅中时，餐厅的工作人员都会想尽一切办法物归原主。

2 一字千金

娓娓道来

古今中外，曾经涌现出许许多多非常经典的文学作品。这些作品都有很高的价值，真可以说是一字千金啊！

“一字千金”这个成语就是用来形容作品具有非常高的价值，这些作品，可以是文学作品，也可以是书法作品。

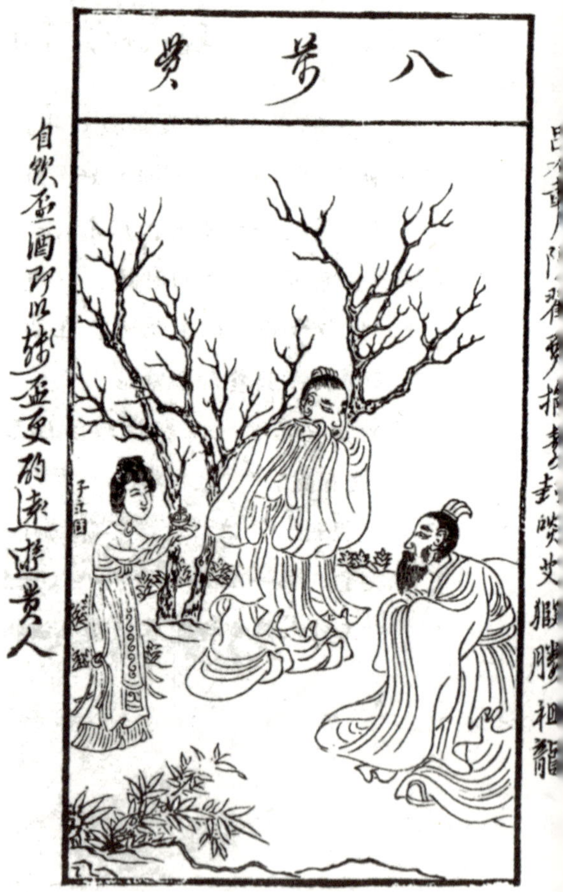

吕不韦

说起“一字千金”的来历，还要从战国末期的秦国说起。当时有一个大商人，他的名字叫吕不韦。他靠着做生意赚了很多的钱。后来，他用尽一切办法，散尽所有的积蓄，把当时还在赵国做人质的秦国公子异人带回了秦国，并且帮助异人登上了秦国国君的位置。这可以说是中国历史上最大的一笔生意了，充满了风险，但是，吕不韦成功了！

异人也不是忘恩负义的人，在他登上君位之后，就让吕不韦做了秦国的丞相。几乎就在一夜之间，吕不韦的地位一下子由底层飞升到了一人之下，万人之上的高位。因为在中国的传统社会中，不管商人们多么有钱，他们的地位都是非常低下的，人们也很看不起商人。也许这也是当初吕不韦冒险辅佐异人登上君位的重要原因之一吧。

朝廷上的文武百官看到原本商人出身的吕布韦一下子就成为了显赫人物，心里当然很不服气了。要知道，丞相这个职位是所有人都梦寐以求的，很多人经过几十年的努力都没有办法坐到这个位置，但是吕不韦却这么轻而易举地得到了。

对于文武百官们的不满，吕不韦虽然嘴上不说什么，但是心里却是非常清楚的。他也知道自己在官场上的资历太浅，在百官之中没有什么威望，于是，他就召集自己的门客，让他们出谋划策，究竟怎么样才能够迅速地提高自己的威望呢。

有的门客提出了出兵打仗的建议，让吕不韦率领军队，去攻打几个国家，这样就可以立下战功，有了战功，威望自然而然就提高了。但是这个办法一提出来，就遭到了其他人的反对，他们说："征战是需要冒一定风险的，谁也没有十足的把握说这一次出征就一定能够凯旋，万一失败了，

孙武

吕氏春秋

那不是颜面扫地了？”

就在大家都一筹莫展的时候，有一个门客又提出了一个建议，他说：“孔子之所以能够流芳百世，其中一个很重要的原因就是他写了《春秋》这一部书；孙武也是因为他自己写的那本《孙子兵法》才受到了吴王的重视……历史上有很多的人都是因为他们写的著作而名垂青史的，我们也可以来写一部书，这样既可以在百官中树立威望，也可以为后来的人们提供典范。”

听了这个人提出的办法之后，吕不韦觉得他说得很有道理，于是，马上组织门客写书。吕不韦让门客们把他们的见闻都写下来，然后由专门的人进行整理编排，最后形成了一部20余多万字的书，这就是著名的《吕氏春秋》。

在这本书写成之后，吕不韦觉得应该进行一些修改。于是，就派人把这本书抄出来贴在了咸阳的城门之上，在它旁边还挂了整整一千两黄金。布告上说，如果有人能够在这上面增加一个字，或者删去一个字，这一千金就全部归他。

过了很久很久，布告和赏金丝毫未动。也许人们觉得这本书写得太好，已经没有可以修改的地方了，于是“一字千金”就这么产生了。

“一字千金”这个成语伴随着《吕氏春秋》这部著作一直流传到了今天。

视角延伸

三千门客

在古代，很多达官显贵都会向社会招揽各种各样的人，让这些人住在自己的府邸，给他们提供食宿，这些人就被称为门客。

早在春秋战国时代，门客就已经出现了。当时，养客之风在社会上非常流行。几乎每一个达官显贵的家里都会有门客，少的几十，多的则会达到成百上千。

楚国的春申君、齐国的孟尝君、魏国的信陵君和赵国的平原君都是王公贵族的子弟，他们在个人修养以及才学方面都非常出众，被人们称为“战国四公子”。在他们的家里，就有一大批的门客，他们对于人才都非常重视，在他们的门客中有许多才能出众的奇人。

秦国的吕不韦也招揽了许许多多的文人，数量达到3000人之多。吕不韦给他们提供优越的生活环境，让他们来为自己出谋划策，著名的《吕氏春秋》就是门客们集体智慧的结晶。

3 一诺千金

娓娓道来 在我们的生活中，不仅仅是一个字能够抵得上千两黄金，有时候，说出的话也会有千两黄金的价值，这就是我们所说的“一诺千金”。

一诺千金

“一诺千金”中的“诺”指的就是承诺，就是说一个人许下的承诺能够价值千两黄金，就是形容这个人非常守信用，不会开空头支票。

古代历史上关于一诺千金的故事有很多，这里我们讲的是赵氏孤儿的故事。

春秋战国时期，晋国的臣子屠岸贾与赵朔发生了激烈的矛盾，阴险狡诈的屠岸贾便私下里集结人手，对赵氏一族展开了一场杀戮，这场灾难中，赵家所有人除了刚出生出来的赵朔的儿子存活下来外，其他无一人幸免。原来，赵朔的夫人赵庄姬在产下婴儿后请求当时在府上看病的医生程婴，拜托他能在自己临死之前把这个赵家唯一的婴儿带走，好心的程婴答应了庄姬的请求，在一片混乱的厮杀中抱走了婴儿。

程婴把孩子抱回家，他的妻子恰好几天前也产下了一个儿子，夫妇俩便把这两个孩子放在一起养育。事实上，屠岸贾的士兵中已经有人发现这个婴儿被抱走了，他们在城里放出风声，要抱走孩子的那个人必须尽快把孩子交出来，不然就杀死全城所有的婴儿。

灾难一步步地逼近，程婴再也没有办法把孩子藏在自己家中，只得去求赵朔的好友公孙杵臼大人，公孙杵臼非常同情好友不幸的遭遇，提出自己愿不惜一切代价保住赵氏的最后一个孩子。但是，如果不交出婴儿，所有的孩子都会惨遭牵连，这是谁也不愿看到的。

在这艰难的时刻，公孙杵臼对程婴说："我们走到今天这一步，就是为了保住赵氏孤儿，但现在不把孩子交出来，所有的努力都前功尽弃。如果现在让你做一件事，你愿不愿意？"程婴慢慢抬起苍白的脸庞，眼里流出泪水："为了全城的孩子，我愿意。"公孙杵臼非常感动，对程婴说："既然这么多人为了这个婴儿而死，你一定要答应我把他好好培养成人，让他长大后亲自为我们报仇！"程婴答应了。

原来，这个办法是把程婴自己的孩子替代赵氏孤儿交给屠岸贾，只有这样，屠岸贾才能彻底死心，赵氏孤儿才能安全成长。

屠岸贾听闻消息赶到公孙杵臼的府上，命令公孙杵臼立刻交出孩子，此时，程婴的夫人正抱着自己的孩子在隔间里瑟瑟发抖，公孙杵臼先和程婴在外面唱着双簧戏，公孙杵臼骂道："程婴你个小子，眼看着赵家势力没落，就狗咬一口，告密我私藏赵家的孩子，赵家和我死后绝不放过你！"这时屠岸贾绝对相信公孙杵臼家中的婴儿就是赵氏孤儿了，几步走向程婴的夫人前，朝着她和她怀中的婴儿砍去，鲜血流了一地，公孙杵臼也被就地杀死了。

这样，程婴就带着真正的赵氏孤儿开始了全新的生活，为了给自己死去的妻子和孩子报仇，为了给公孙杵臼报仇，为了让赵氏孤儿给自己的家族报仇，程婴忍痛当了屠岸贾的门客，想方设法取得屠岸贾的信任，并让他喜欢上了赵氏孤儿，收其为义子。屠岸贾自己没有孩子，对赵氏孤儿异常喜爱，教他射箭、骑马、剑术。慢慢地，赵氏孤儿长大了，能够独当一面了，程婴这才把当年那个天大的秘密和盘托出，希望他能为死去的亲人们报仇。赵氏孤儿在程婴的带领下来到了屠岸贾府上，在决斗中，赵氏孤儿杀死了屠岸贾，程婴也不幸被屠岸贾杀害，临死之前，程婴对赵氏孤儿说："我终于完成了我的承诺，可以放心地去见赵朔和公孙杵臼了。"

公孙杵臼

程婴信守对公孙杵臼的承诺，以牺牲自己亲人生命为代价保住了赵氏孤儿并将其抚养成人，之后又帮其报了灭门之仇，公孙杵臼为了自己的好友赵朔，不惜献出了自己的生命，他们都是真的勇士，固守着一诺千金的信念。试想，程婴在之后的十几年中每每看见赵氏孤儿的成长，能不想念自己无辜死去的亲人吗？内心能不阵阵绞痛吗？试想，公孙杵臼原本可以事不关己高高挂起，可是他却坚定选择了死亡，这难道不是一次艰难的内心抉择吗？平凡的人们，为了心中的那份坚守，献出了太多太多，他们真正做到了一诺千金。

视角延伸

一诺千金的出处

一诺千金的成语最早出自司马迁的《史记·季布栾布列传》，原句为“得黄金百，不如得季布一诺”。说的是秦朝末年有一个叫季布的人特别守信用，只要是答应别人的事情，就一定会办好，因此他声名远扬，很多人都知道他是值得信任的人，都愿意去帮他。

楚汉相争时，作为项羽的手下，季布曾几次献言献策使刘邦战败，刘邦心中怀恨不已，后来，刘邦当了皇帝后，下令全国通缉季布，季布每逃到一处，都会有人帮他，刘邦的属下也为季布求情，希望刘邦能为他网开一面，最后，刘邦封季布做了郎中，不久又封为河东太守。

4 钿合金钗

娓娓道来

在很多的古装戏中，我们可以看到很多妇女的头上都会戴着各种各样的饰品。根据这些饰品不同的类型，人们又对它们进行了非常细致的划分，有的叫做簪子，有的叫做金钗，还有的叫做金钿，等等。

关于这些精美的首饰，还有一个凄美动人的故事，这就是唐玄宗和杨贵妃的故事。

唐玄宗

唐代著名的诗人白居易曾经写了一首非常著名的《长恨歌》，他用诗歌的语言，向人们讲述了一代帝王和一代美人之间的故事，其中有一句诗歌这样写道："唯将旧物表深情，钿合金钗寄将去。"短短的十四个字，就把他们之间深厚的感情描绘得淋漓尽致，同时，"钿合金钗"这个成语也就应运而生了。

"钿合"指的就是用珠宝镶嵌的一种首饰，它是由两片金片合成的。"金钗"也是古代的一种头饰。古代女子们在梳好发髻之后，还会在发髻里插上一些饰品，金钗就是其中一种。它是用名贵的黄金制作而成的，上面还嵌有各种美丽的宝石。

“钿合金钗”指的就是古代女子的首饰，这是唐玄宗和杨贵妃之间的定情信物，后来人们用“钿合金钗”来比喻定情信物，形容两个人的感情很好。

当时间再次回到盛唐的时候，我们仿佛看到了唐玄宗和杨贵妃两个人在御花园中赏花的情景。

唐玄宗是中国历史上著名的帝王，他励精图治，开创了一个“开元盛世”，使唐朝成为当时世界上最发达的国家。在唐玄宗将近60岁的时候，他遇上了倾国倾城的杨玉环。后来，他就做了一个惊人的决定，将杨玉环纳为贵妃。

两个人婚后的生活幸福美满，唐玄宗对杨贵妃宠爱有加，为她建造豪华的宫殿，送她名贵的首饰作为他们的定情之物，只要是她提出的要求，他都会一一实现。

然而，好景不长，一场“安史之乱”让曾经的盛唐几乎毁于一旦。唐玄宗带着杨贵妃落荒而逃。士兵们对杨贵妃早已经心存不满，认为她是红颜祸水，是她造成了今天的国破家亡。于是，三军将士便纷纷要求处死杨贵妃，否则便不会协助皇帝抗敌。

这让唐玄宗陷入了两难的境地,江山美人,不可兼得。最终，他还是选择了江山，他怀着极其悲痛的心情赐死了杨玉环。杨玉环以一条雪白的绸缎结束自己曾经无比艳丽的生命。

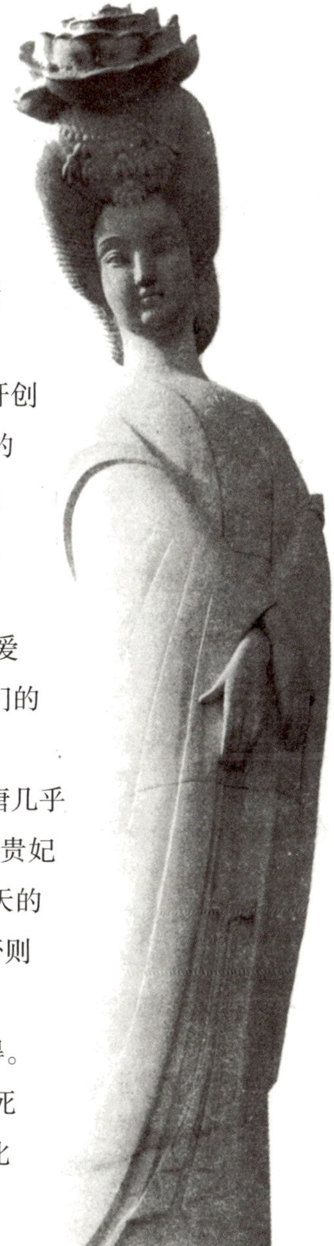

杨贵妃

故事到这里还没有结束。待到叛乱平定之后，唐玄宗重新回到了皇宫中，看着空荡荡的大明宫，他不禁悲从中来。他召来了一个道行高深的道士，希望他能够在大地之间找

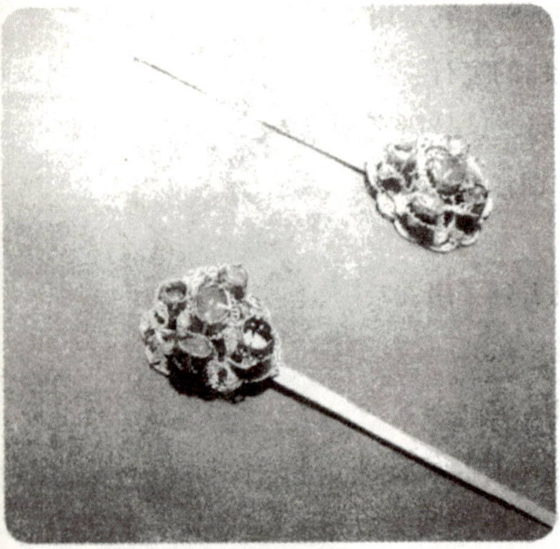

金钗

到杨玉环的灵魂，让自己同她见上一面。

最后究竟有没有找到，我们谁也不知道。最后，唐玄宗是吞下了“长生不老丹”死去的，也许他是希望通过这样的方式去找到杨贵妃吧？

历史的流沙淹没了这两个曾经光辉无限的人，但是“钿合金钗”的故事正在被一代又一代的人们继续讲述着。

娓娓道来

别样的金钗

金钗，不仅仅指美丽精致的首饰，还有一种非常名贵的中药也叫“金钗”。在李时珍写的《本草纲目》里有对它的详细介绍。

作为名贵药材的“金钗”还有一个非常神奇的名字，那就是“还魂草”，光听名字，我们就可以想象它会有多么强大的功效了。

“金钗”的功效有点儿类似于古代人们一直向往的“长生不老药”，它能够提高免疫力，延缓衰老，对肿瘤的治疗具有非常明显的效果，真可以说是一种救命的仙草啊！

这种名贵的中药在自然界中也是非常稀少的。它非常“娇贵”，普通的肥料是不能够满足它的生长需求的，只有一种被称为“神农飞鼠”的粪便才能够使“金钗”茁壮成长。

神农飞鼠是一种非常珍稀的动物。它经常出没在湖北的神农架一带。它的脸长得像狐狸，眼睛像猫一样，嘴巴像老鼠，耳朵像兔子的耳朵，爪子又跟鸭子的爪子类似。神农飞鼠可以借助自己又粗又长的尾巴在半空中飞行。它的粪便也是一种非常名贵的中药，叫做五灵脂。一直以来，它都被人们看做是一种“神鼠”。

5 契若金兰

娓娓道来

在中国历史上，除了有像唐玄宗和杨贵妃之间那么凄美动人的爱情故事之外，朋友之间的友情也是非常珍贵的。

成语“契若金兰”就是用来形容朋友之间十分深厚的情谊的。

“金兰”这个词是从先秦时期的《易经》中出来的，在原文中它的意思是说，如果两个人一条心，那么他们的力量就可以折断金子；如果两个人说出来的也是出自一颗心，那么这些话的气味就会像兰花一样芳香四溢。这里也是形容两个人之间的友谊很深，能够同心协力办大事。

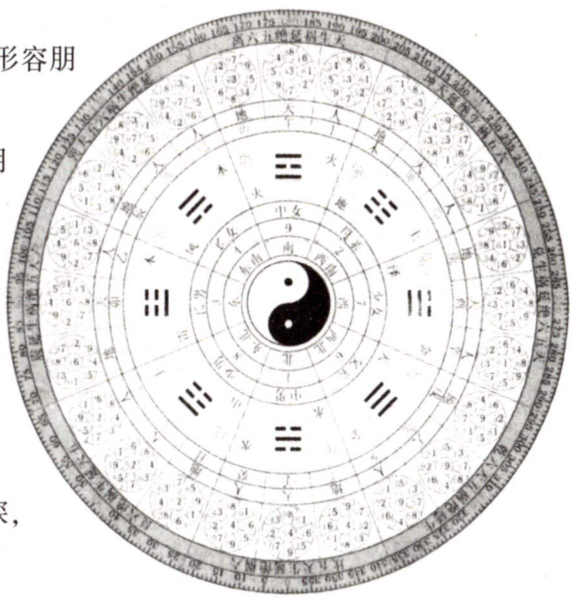

易经八卦图

“契若金兰”这个成语是从《世说新

阮籍

语》中出来的。《世说新语》是一本非常有意思的书，它是南朝的刘义庆写的，书中写了当时的名人很多的事迹，而“契若金兰”则是用来形容山涛、嵇康和阮籍之间深厚友情的。

阮籍和嵇康都是魏晋时代非常有名的文人，他们自小聪明，知识广博，琴棋书画也是样样精通。而且两个人性格都很耿直，当时很多文人去巴结权贵来谋求功名，而他们两个人对这样的行为非常不屑。由于他们的才气逼人，很多达官显贵都主动上门来请他们做自己的参谋，朝廷也几次三番地让他们去做官，但是他们都一口回绝了。

山涛也是魏晋时代一个著名的文人，但是他的才能比不上阮籍和嵇康。在山涛见到阮籍和嵇康的时候，他就觉得这两个人非同一般，与他们契若金兰。

山涛的妻子觉得丈夫与这两个人的交情太不一般了，就想看看这两个人究竟有什么样的魔力。

有一天，当阮籍和嵇康到山涛家里做客，山涛的妻子给他们准备了丰盛的宴席，并且留他们在家里

山涛

过夜。在他们两个人都睡着的时候，山涛的妻子向丈夫提出要去看看这两个人。

天亮之后，山涛问她的妻子，“你看了之后，觉得这两个人怎么样呢？”

她的妻子笑着说：“和他们两个人相比，你简直差得太远了。你们契若金兰，也只是凭借你的见识和气度了，正是因为认识了他们两个人，你才有了这么一点点的优点。”

山涛的妻子仅仅是看几眼，就能够感受到阮籍和嵇康的才气，可见这两个人是多么的才气逼人啊！山涛能够与比自己优秀得这么多的人有着这么深厚的友谊，也足见他的气度不凡了！

古代的人们还有“义结金兰”这一说。就是指朋友之间觉得志趣相投就结为兄弟或姐妹。在结拜的时候还有一些规矩，大家要在红纸上写下自己的生辰八字、籍贯以及祖上的相关信息等，然后在天地牌位面前上香叩头，宣读结拜的誓词。我们最经常听到的就是“不求同年同月同日生，但求同年同月同日死”等诸如此类的誓词。

竹林七贤

视角延伸

桃园三结义

在历史上，最著名的结义的故事还是要数桃园三结义了。

故事的主人公是刘备、关羽、张飞。刘备是蜀国的开国皇帝，是当年和曹操三分天下的其中之一。关羽和张飞都是刘备的部下。关羽拥有一身的好武艺，为人忠义，著名的“身在曹营心在汉”的故事，赞美的就是关羽。张飞为人比较鲁莽，但是武力超群。

他们三个人原本是不相识的，但是机缘巧合之下，他们在市井之中“不打不相识”。三个人一见如故。

一天，张飞请刘备和关羽到家里做客，那时候，家里的桃花园的桃花开得正艳。三人举酒结义，对天盟誓，有苦同受，有难同当，有福同享。

从此以后，他们三个人成为了异姓兄弟，共同出生入死，打拼天下。

6 管鲍分金

娓娓道来

在朋友之间，有的友谊会因为金钱而分崩离析，而有的友谊却会因为金钱而更加坚固，这样的故事，在历史上也是屡见不鲜的，管仲和鲍叔牙之间的友谊就是这样无坚不摧的，所以也就有了后来的“管鲍分金”的成语。

管仲和鲍叔牙都是战国时期的齐国人，管仲是春秋时期伟大的政治家，他曾经辅佐一代霸主齐桓公创立伟业；鲍叔牙是历史上杰出的宰相，他以“知人善任”闻名天下，也是经过了他的推荐，管仲后来才当上了齐国的丞相。

管仲

在管仲20多岁的时候，他就和鲍叔牙认识并且成为了朋友。

一开始，他们两个人一起做点小生意。当时，管仲的家庭条件并不好，所以他就投资得少一些。两个人的生意做得红红火火，赚了不少的钱。

但是有一天，鲍叔牙手下的一个伙计发现管仲私自挪用这些赚来的钱来还债。这些钱都是他们的公共财产，如果有人要用，就必须先跟对方说一声，并且在账本上进行记载，管仲这样一声不吭地就把钱拿去给自己还债用了，放到今天来说，这就叫做挪用公款了，这是违反法律的行为。

于是，这个伙计就把这件事情告诉了鲍叔牙，鲍叔牙什么都没有说，更没有去质问管仲。

到了年末算账的时候，鲍叔牙仍然将这一年赚到的钱平均分给管仲。

伙计见到这个情况，觉得简直是忍无可忍了，于是就忿忿不平地对鲍叔牙说："当初管仲就出钱少，而且他平时私自挪用公款，现在他怎么还厚着脸皮来拿这些钱呢？如果是我，我早就无地自容了！"

鲍叔牙

鲍叔牙听到之后，突然大发雷霆，非常气愤地对那个伙计说："你们脑子里除了钱还是钱，难道你们就没有发现管仲家里非常穷困吗？我跟他一起做生意不是为了自己多赚钱，主要是想帮助他度过难关。要是以后你们还提起这件事，你们就直接卷铺盖走人吧！"

从此以后，再也没有人提起这件事情了。而每次在分利润的时候，鲍叔牙总是多分给管仲一些钱。

管仲到了老年的时候，回忆起当年与鲍叔牙一起做生意时情景，依然感动得泪流满面，他说："年轻时，我和鲍叔牙一起做生意，我偷偷地多拿一点钱，他却不认为我是贪心的，一如既往地跟我合作；我和鲍叔牙一起做事情时，当我把事情办砸了，他也不会责备我，反而替我善后；当我几次三番地从战场上逃走的时候，他也不觉得我是一个贪生怕死的人……我做了那么多荒唐错误的事情，他总能够一如既往地包容我。父母给予了我生命，真正了解我、懂我的人是鲍叔牙啊！”

后来的人们建筑了一个管鲍分金亭来纪念这两个人深厚的情谊，现在我们也用“管鲍分金”这个成语来形容两个人之间的友情非常深厚，不是那些金钱权力可以割断的。

视角延伸

真正的友谊

管仲和鲍叔牙这两个好朋友结束了手头上的生意之后，他们又一起参加了军队。

在有一次战争中，敌我双方的军队打得异常激烈。当大家都在冲锋陷阵的时候，管仲却总是畏畏缩缩地不敢冲锋；而在军队撤退的时候，管仲却跑得比兔子还快。

士兵们看到这个情景，都在私下里笑话他，甚至辱骂他。就在这个时候，鲍叔牙果断地站出来为管仲说话，他说：“管仲并不是一个贪生怕死的人。在他的家里，还有一个80多岁的母亲。如果他死了，那么谁来照顾他的母亲呢？所以他才不得不苟且偷生，来尽自己做儿子的孝道啊！”

管仲和鲍叔牙之间的友谊真的是坚不可摧，这也才是真正的友谊，无论何时何地，那个朋友总是最了解自己的，能够无条件地支持自己！

7 金玉其外，败絮其中

娓娓道来

不是所有光彩夺目的首饰里面都是金光灿灿的黄金，不是所有耀眼的灯光之下依然是那么光芒万丈，不是所有光鲜亮丽的外表之下依然是那么美丽迷人……在生活中，有很多东西，往往不像它表面看起来那么美丽；在生活中，有一些人，往往不会像他外表看起来那么光鲜亮丽。

这就是我们常常会提到的“金玉其外，败絮其中”。

短短的八个字，非常生动形象地概括了那些外表美丽却内心丑陋的事物，它也在告诉我们，很多时候，眼见也不一定为实。

这个成语出自明朝一位非常著名的军事家、政治家刘伯温写的一篇文章——《卖柑者言》。他借这篇文章讽刺了当时社会上那些华而不实的风气。

在那个时候，浙江杭州有一个专门卖柑子的人。在贮藏柑子方面，他有自己的秘密方法，哪怕是一年之后再把柑子拿出来，它也依然那么黄澄澄金灿灿的，就像刚从树上摘下来的一样。这些好看的柑子的价格也比其他柑子

刘伯温

高出 10 倍，人们都争先恐后地来买他的柑子。

有一天，刘伯温经过那个卖柑子的摊位时，也买了一个。但是等到他把柑子剥开之后，他就惊呆了！外表光鲜亮丽的柑子，里面却像干枯的棉花絮一样，闻起来还有一股非常刺鼻的臭味。

刘伯温拿着这个柑子当场就质问那个卖柑子的，“你卖的这些柑子可以拿来干什么呢？是打算让人们把它们供奉起来祭祀神明吗？你竟然要这种骗人的把戏，简直太过分了！”

面对刘伯温的质问，卖柑子的人却只是微微一笑，意味深长地说道：“先生，我干这一个行当已经有好多年了，我还得

平遥古城

靠它来维持自己的生计呢！你看，现在我以这么高的价格出售，大家也纷纷过来买，除了您之外，其他的人都还没有抱怨什么呢！再者说了，难道在这个世界上，只有我一个人是干这种所谓的骗人的勾当吗？我今天也只是卖卖柑子，那些比我骗得更厉害的人还有很多呢！您看现在那些坐在高堂之上，看上去非常英明正确的官员们，难道他们真的就像当年的包拯一样英明吗？再看那些看上去威风凛凛、佩戴着绝世好剑的武将们，难道他们真的能够在战场上攻无不克、战无不胜吗？我看未必吧？现在的那些人们，在盗贼入侵的时候逃得比谁都快，对于百姓却只知道一味地搜刮，社会的法纪这么败坏，他们也不知道去好好地整顿整顿。他们只顾着自己能够住上豪华的房子，穿上华美的衣服，骑着汗血宝马。他们难道不像我卖的这些柑子吗？金玉其外，败絮其中！与他们相比起来，我的这些柑子又有什么危害呢？”

听了他的这一番话，刘伯温顿时无言以对。他突然觉得，这个卖桔人就像汉代的东方朔一样，针砭时弊，切中要害。他看看周围，回想着刚才卖桔人说的那一番话，回到家里后，他奋笔疾书,写下了这一篇《卖柑者言》，希望能够给当时社会上那些官员们敲响警钟！

东方朔

其实，在我们现在的生活中，我们也会看到一些“金玉其外，败絮其中”的人。他们有的表面上穿着整齐，一身上下都是名牌，但是实际上却是一些毫无内涵的人；他们有的看起来出手大方，但实际上却囊中羞涩，只是为了自己的面子才在别人面前打肿脸充胖子……

这样的行为，这样的风气真的是要不得，与其花那么多的时间精力去装饰自己的外表，不如把那些时间精力放在如何提升自己的素养这方面，一个人的内涵和气质不是靠着化妆衣着就能够装出来的。

视角延伸

一代奇才东方朔

在汉武帝那个朝代，真可以说是人才辈出。文，有司马迁写下《史记》，武，有卫青在战场上披荆斩棘……在这众多的人才之中，东方朔也可以说是这其中的一朵奇葩。

在历史上，东方朔被定位为词赋家，然而，他在政治方面也是很有才能的。

在当时，东方朔用了3000片竹简洋洋洒洒地写了一大篇文章给汉武帝，这篇文章需要两个人才能够扛得动，汉武帝用了两个月的时间才把这篇文章读完。文章中将他那桀骜不驯的性格和对政治敏锐的洞察力展现得淋漓尽致。

在从政期间，东方朔常常指出当下社会中的一些弊端，而且能够非常大胆地指出汉武帝的一些缺点，但是他表达的方式却是非常的机智，虽然汉武帝听了以后心里不舒服，但是也拿他没有办法，而且觉得他说得很有道理。

这就是一代奇才东方朔。

8 金屋藏娇

娓娓道来

金屋藏娇，顾名思义，就是在黄金打造的屋子里藏着一位美人，民间通俗的意思是比较隐秘地纳妾，这可是很有来历的一个成语哦！它源于汉朝的志怪小说《汉武故事》，说的是汉武帝与陈皇后之间的故事。

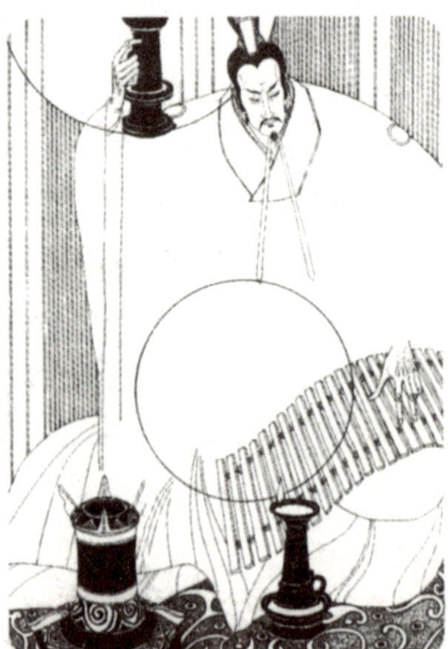

汉景帝刘启

汉景帝的皇后薄氏因为一直无法生育被废，当时汉景帝最宠爱的妃子叫栗姬，她为皇帝生下了一个儿子叫刘荣，刘荣是众多子嗣中最年长的一个，根据立长不立幼的规矩，刘荣被立为太子。皇帝有一个姐姐叫馆陶公主，她看见栗姬得势，就一心想巴结她，于是就请求把自己的女儿许配给刘荣当妻子，可是栗姬因为馆陶公主经常向皇上进献美女而特别讨厌她，就一口拒绝了这门婚事，馆陶公主从此怀恨在心，处心积虑地想要干掉栗姬和太子。

汉武帝刘彻

汉景帝还有一个妃子王夫人，她的孩子叫刘彻，名彘，相传王夫人有一次做梦，梦到红红的太阳直接从天上撞向自己的怀里，从那以后就怀孕了，馆陶公主见刘彻长得虎头虎脑、聪明伶俐，又看王夫人为人恭谨、谨言慎行，决定要把自己的女儿陈阿娇许配给刘彻，并扶持刘彻登上皇位。

有一天，馆陶公主带着女儿阿娇、王夫人携着儿子刘彻，在宫女的簇拥中在花园里游玩，馆陶公主就逗刘彻，指着前面一排宫女说："彘儿，你觉得她们好不好看？"刘彻扫了一眼面前的宫女，摇了摇头，说："都不好看，还是阿娇姐姐最好看。"馆陶公主就笑着问刘彻："那把阿娇送你做媳妇，好不好？"刘彻开心一笑，拍着手说："姑妈要是把阿娇姐姐给我当媳妇，我一定要用黄金建一座大大的房子，把姐姐放在里面。"于是，金屋藏娇的典故就这样形成了。

馆陶公主为了达到她的目的，经常在汉景帝面前诽谤栗姬，说她在宫中使用蛊惑之术，这在当时是非常可怕的事情，皇帝慢慢对栗姬产生了厌恶之情，这时，馆陶公主又收买大臣，故意让他们在朝堂之上提出立栗姬为皇后的奏请，龙颜震怒，皇帝觉得栗姬再也不可留在身边，不然将来必会纠集群臣干涉政事，还是除掉为好，于是废除了刘荣的太子之位，将栗姬打入冷宫，立刘彻为太子。

汉景帝死后，刘彻登上皇位，为汉武帝，皇后就是陈阿娇。可是这个陈皇后自幼娇宠任性，经常耍小脾气，两人在一起时经常不欢而散，再加上陈皇后一直没有子嗣，皇帝渐渐不喜欢她了。有一次，汉武帝在姐姐平阳公主家中做客，看上了跳舞的家奴卫子夫，便把她带回了宫中，陈皇后得知皇帝宠幸了卫子夫还让她怀孕后，非常生气，就在宫中对卫子夫行巫蛊之术，事情败露后，被罢黜皇后之位，打入长门宫，终身不得面见皇帝。

这是一个凄婉悲凉的爱情故事，纵然汉武帝和陈皇后的婚姻带有政治联姻的成分，纵然汉武帝最后废除了陈皇后，但是不可否认，他们在年少清纯的岁月，两小无猜的少年在水边玩耍，互相立着小小的誓言，琴瑟和谐，岁月静好。

视角延伸

独不见卫子夫霸天下

汉武帝婚后和皇后的关系一直不好，皇帝的姐姐平阳公主得知此事，就经常邀请皇帝到自己府中喝酒，有一次，汉武帝看中了正在跳舞的舞女卫子夫，便把她带到了皇宫。卫子夫入宫后，一年都没有见到汉武帝。之后，宫中将大批宫女放出宫去，卫子夫见到了汉武帝，哭着跑到皇帝身边乞求他能放自己出宫。汉武帝见到她十分怜爱，便把她留在了自己的身边，之后封做了夫人。卫子夫不仅年轻貌美，心地善良，而且为皇帝增添了子嗣，她的弟弟卫青还为汉武帝抗战杀敌，立下赫赫战功。汉武帝真心感念卫子夫一家，在陈皇后之后立她为新皇后。卫子夫本是一个女奴，后来却当上了皇后，当时的老百姓因为这件事，都愿意生女孩，希望自己的女儿以后也能像卫皇后一样飞黄腾达，所以百姓中流传着这样一句话："生男无喜，生女无怒，独不见卫子夫霸天下。"

随着容颜的衰老，皇帝渐渐不再喜欢卫子夫，但是依然对她高尚的德行存敬佩之情，十分放心她对后宫事务的处理，又过了些年，在一场浩大的巫蛊之案中，卫子夫受到了牵连，含冤自杀。当事后真相大白时，汉武帝追悔莫及。

9 金城汤池

娓娓道来

如果一座城是用金属锻造的，四周的城河里都是沸腾的滚水，那么这座城是不是牢固不可侵犯呢？答案是显而易见的，金城汤池说的就是这个道理。

“金城汤池”一词最早出现在东汉历史学家班固编纂的《汉书·蒯通传》中，书中有这样的记载：“先下君而君不利，则边地之城皆将相告曰：‘范阳令告降而身死’，必将婴城固守，皆为金城汤池，不可攻也。”说的是蒯通游说武臣善待范阳令的故事。

秦朝末年，统治者昏庸腐败，对百姓使用各种酷刑，民不聊生，哀鸿遍野。秦二世元年，农民陈胜、吴广在大泽乡发动起义，起义队伍迅速壮大，各地纷纷响应，百姓们纷纷拿起武器反击统治者，当陈胜率领的部队一路打到陈县也就是现在的河南淮阳之后，陈胜派自己的一个得力手下名叫武臣的人带兵越过黄河去攻打河北各地。

武臣带兵打仗有方，他率军队到河北后，并不急着去攻打各座城池，而是极力宣传造声势，号召百姓自己起来反击统治者，这样，十几座城因内外同时受攻很快就被攻陷。

其他城池的官员看到如此情景，十分害怕，但是又不敢贸然对武臣的部队发动反攻，只能日夜加固城池，严密防护，生怕有一丝一毫的闪失。东郡范阳的首领范阳令叫徐公，自从武臣进入河北之后，一直寝食难安，明知敌不过武臣的部队，却也只能硬着头皮加强防护，生怕大军进攻那天的到来。

正当这时，范阳一个非常有名的辩士蒯通请求觐见徐公，见到徐公后，劈头盖脸就说："您是将死之人，我深表遗憾，不过今天您见了我，也许结果就不一样了。"徐公听后既害怕又好奇，对蒯通说："先生既知我命不久矣，又如何能帮得了我？"

蒯通笑言："当初秦朝强盛之时，你借残酷的秦法杀害百姓，抢夺民脂民膏，百姓早已对你心生怨恨，现在都在等着合适的机会把你大卸八块呢。"

徐公听后一身冷汗，赶忙向前拜去："先生有什么办法可以救我，我将感激不尽。"

蒯通这时便慢条斯理答道："现在武臣的大军在外虎视眈眈，你要求得不死，必须向他投降，另外，你打开城门让我去他那里帮你再求求情。"

徐公只得照办，当天夜晚，趁无人之时，悄悄地打开城门送蒯通出城。

蒯通见到武臣，一番自我介绍后便进入正题，问道："将军每攻一座城池，虽然有百姓相助，但总免不了一番激战，长此以往，军力被消耗不说，攻占

河南淮阳

蒯通

整个河北的计划也会被推后啊！”

武臣点头同意蒯通的说法。蒯通又继续说：“将军为一代英杰，战功赫赫，但是否想过不战而胜的战争策略呢？”

武臣渐渐有了兴趣，催着蒯通说出他的意见，蒯通说：“现在河北剩下的城池都在严加防守，这样贸然进攻就像攻打一座用金属锻造、用沸水做护城河的城池一样，我本范阳人，不希望看到百姓和军队展开杀戮。现在范阳令要向将军投降，将军何不趁此机会纳降，好生对待范阳令，这样，不费一兵一卒就占领一座城池，还给其他地方首领做了个榜样，这样，攻占其他地方也不用费劲了。”

武臣细细揣摩了一番，认为蒯通说的的确在理，决定通过纳降的方法占领范阳，还封范阳令为侯，送去了厚礼，其他守城官员见范阳令不伤一丝一毫还被封官，纷纷到武臣那里请降，武臣果真不费多少工夫就在短的时间内占领了整个河北地区。

在中国大地上，还有一个名字叫做“金汤寨”的地方，它在河南省境内。

这个寨子三面都有水环绕，放在古代来说，这里可以成为军事上重要的战略要地。

一开始，金汤寨叫“小金庄”。在商朝的时候，这里是一个军事战略要地，当时驻守在这里的一位大将名字叫做“金汤”。在他驻守的这段时间里，这里平静安宁，百姓生活丰衣足食。外敌也很难攻下这个寨子。后来商朝君王为了嘉奖他，就把他驻守的这个寨子改名为“金汤寨”，这也是“金城汤池”的由来之一。

视角延伸

揭竿而起

秦朝的时候，有一个年轻人叫陈胜，他家境贫寒，只能给地主种田，可是他的志向高远，总想着将来一定要干一番惊天动地的大事。有一天他和同伴们在田埂上歇息，陈胜说："将来我们中间有人发达了，可不要忘记现在的弟兄们。"大家都笑陈胜在做白日梦，是啊，那个时候穷苦人哪里会发达呢？可是陈胜却不屑一顾，望着远方说："燕雀怎么知道鸿鹄的志向呢？"

后来，陈胜被发配到渔阳地区去做工，在行进途中结识了好朋友吴广，两人志趣相投，都有一身抱负，经常在一起无话不谈。当时连下几天大雨，道路不通，全队无法按规定时间赶到渔阳，而秦法规定，如果不按时到达，是要被杀死的。当时队伍一片混乱，陈胜和吴广商议："去渔阳也是死，逃也是死，不如为了自己而死，现在统治者无能，百姓民不聊生。不如自己起来大干一场，也无愧于心。"这个提议立即得到了大家的支持，大家纷纷推举陈胜为首领，斩木为兵器，揭竿而起，这样，陈胜和吴广率领百姓在大泽乡发动了中国历史上最早的农民起义。

10 点石成金

娓娓道来

金子是自然界中一种非常稀缺的金属，从古至今，人们一直都渴望拥有它。在古代，人们甚至还幻想把石头变成金子，或是把铁变成金子，这些想法虽然荒谬，但不乏人们一种美好的希望。

中国古代就有很多关于“点石成金”、“点铁成金”的故事。

我们都听过“八仙过海各显神通”的神话故事，相传在很久以前，人间有八大仙人，分别是汉钟离、吕洞宾、张果老、蓝采和、韩湘子、曹国舅、何仙姑和铁拐李，他们都是行善积德的好人，后来因为功德圆满而升仙，这八大仙人各有各的本领，整天游走于人间，扬善除恶。

有一天，吕洞宾来到一户人家门前，只见这家的院子破烂不堪，有个穿着破烂衣服的小男孩在院子里玩耍，吕洞宾见他很可爱，就给了他一块馍吃，小男孩特别感谢吕洞宾。吕洞宾又指着院子里的一块石头说：“我能把它变成一块金子，你相信吗？”孩子哪里听过这样的事情，拼命地摇头。只见吕洞宾用手指朝着石头一点，奇迹发生了，石头真的变成了金灿灿的黄金，吕洞宾问小男孩：“把这块金子送给你好吗？”男孩摇了摇头，指着吕洞宾的手指说：“我不要金子，因为它只用得了一时，我要你的那根手指头，那样

中国古代的传说人物——八仙

吕洞宾

就可以一辈子享受荣华富贵了。”吕洞宾听了，心想人心不足蛇吞象，就从小男孩面前消失了。

还有一个点石成金的故事说的是在晋朝时候，有一个叫许逊的人潜心向学，有一身奇异的本领，而且乐于助人，当地老百姓遇到困难都会去找他。有一年，天灾连连，颗粒无收，大家苦于交不起赋税，纷纷向许逊求救。许逊想了一会，把大家秘密召集起来，让他们每人都带一些石头，接着令人惊奇的事情发生了，许逊把手指点向石头，所有的石头都变成了黄金，他让百姓们把这些黄金当做赋税交到朝廷，从而免了行役之苦。

西方也流传着点石成金的故事，说有两个穷人偶遇到一位神仙，神仙想帮助他们，就把两块石头变成金子分别送给了他们，这两个人都很感动，可是其中一个穷人并没有像另一个人那样拿了金子就走了，而是留了下来，对神仙说：“您给我一块金子，我非常感谢您，可是，金子总有用完的时候，我希望留在您的身边，潜心向您学习，争取自己也能学会点金术，以后帮助别人。”神仙听了他的一番话后非常高兴，答应了这个人的请求，这个穷人果真像他说的一样，潜心向学，终于学会了点金术，自己也成为了一个爱帮助人的神仙。

视角延伸

八仙过海　各显神通

传说八大仙人都有自己的当家本领，他们每天都会在人间扬善除恶、打抱不平。

有一天，东海上的蓬莱仙岛举办蟠桃盛宴，八大仙人应邀前往，来到东海前，只见海上波涛汹涌、巨浪连连，吕洞宾提议：“咱们今天不要腾云驾雾过去，拿出自己独到的本事过海如何？”众人连声附和。

这八大仙人都有各自的法器，何仙姑有莲花，她把莲花往水里一扔，莲花瞬间成为莲花宝座、金光四射，只见何仙姑轻轻一跃，稳稳地坐在了莲花座上，向蓬莱岛飞去，众人见了都说好。随后，汉钟离走上去说，“仙姑的莲花太过高贵，我来个俗点的。”只见他大大咧咧地把自己手中的破芭蕉扇往水中一挥，这一挥可不得了，芭蕉扇立刻被放大几十倍停在了波浪上，汉钟离笑着上前，躺在扇子上，对大家笑着说：“先走一步啦！”扇子便飞也似的往仙岛驶去。其他的神仙都相继使用了自己的法宝过了东海，后来，大家把拥有独到的本事称作“八仙过海，各显神通”。

又有一次，这八个仙人与东海龙王起了争执，东海龙王一气之下把蓝采和擒了过去，这下可惹恼了另外七位仙人，大家纷纷用自己的本领和东海龙王对抗起来，东海龙王打不过他们，便偷偷叫来了西海、南海和北海龙王，让他们为自己助阵，七大仙人和四海龙王在海上一阵激战，引来了观音菩萨，菩萨见到神仙也做出打架的事情，很是生气，严厉斥责了这些神仙，命令他们就此收手，让东海龙王立刻放回了蓝采和。

八大仙人的形象在百姓心中非常亲切，民间有很多八大仙人的画像，家家户户都有“八仙桌”。

11 金石之交

我们今天通常用金石之交来形容两个人有着牢不可破、坚不可摧的友谊，每个人也都希望自己和他人能够拥有金石般的情感，可是大家知道吗？最早记载的自以为有金石之交的人最后竟遭到了对方的惨杀，他就是汉朝的开国大将韩信，与他有着金石之交的人是汉朝的第一位皇帝刘邦。

娓娓道来

项羽

“金石之交”最早出自东汉文学家班固的《汉书》，里面记载了韩信被杀的一句话：“足下虽自以为与汉王为金石交，然终为汉王所擒矣。”韩信少时家中一贫如洗，母亲死后都没有钱下葬，但是韩信并不怨天尤人，而是志存高远，学得一身本领。成人后他先归属项羽，不得重用，转而投靠刘邦，一开始也并未受到赏识，刘邦的心腹萧何在与韩信的多次交往中看出他是个不凡之人，便向刘邦举荐，这样，韩信终于被封为将军，开始有机会施展自己的才华。

当时刘邦与项羽两军抗衡，项羽的军事实力非常强大，刘邦自知不如，却不知如何改变这种境遇。韩信一针见血地向刘邦指出了项羽部队虽然庞大但民心已散的问题，建议刘邦广纳天下贤良，重用将领，聚拢民心。这极为有力地扩充了刘邦部队的实力，韩信也深得刘邦的信任。

韩信在用兵作战上非常独特，他发明的一系列作战方法广为流传，成为以后兵家作战的典范，比较突出的有明修栈道、暗度陈仓，十面埋伏，四面楚歌等，项羽最终被围至垓下，不得已于乌江自刎。

刘邦统一天下做了皇帝，畏于韩信的才能，一心想除掉他，韩信只得无奈地说："狡猾的兔子被杀死了,灵敏的猎狗就不再有用，于是会被吃掉；飞翔的鸟儿被射死了，精良的弓箭就不再有用，于是会被藏起来；敌国被打败了，谋臣良将也就不再有用，于是会被杀死；如今天下已定，我也即将成为被吃掉的那只狗。"

韩信遭到刘邦的贬责，贬为一个徒有虚名的淮阴侯，依旧没有摆脱厄运。韩信的好友陈豨是巨鹿郡的郡守，手握重权，起兵谋反，随后就有人告发韩信与陈豨为一伙，韩信才是这次谋反的幕后指使者，但是没有人能提供相应的证据。叛乱很快被平定下来，陈豨被擒，刘邦的妻子吕后设计，对外宣称陈豨已经被杀，召文武百官进宫朝贺，趁机逮捕了

韩信

刘邦斩蛇的传说

韩信，在长乐宫杀死了他。韩信大声叫屈："我不用蒯通的计策，现在反而被一个女子所杀，这难道不是天意吗？"

原来，早在楚汉相争之时，韩信的谋士蒯通就劝说他自立为王，与刘邦、项羽三足鼎立，蒯通把韩信当时的优势一一罗列出来，表示愿意帮助韩信成其大业。可是，韩信一心感激刘邦的知遇之恩，希望能像姜子牙这样的忠臣，为刘邦效力，等到刘邦统一天下后，求得一诸侯国君，成为像齐桓公、秦穆公这样贤德仁义、受人爱戴的诸侯王。于是韩信拒绝了蒯通的建议，一心一意辅佐刘邦登上皇位。

韩信被杀，他的族人也遭到了残酷的杀戮，一代忠臣义士竟然得到了这样悲惨的下场。蒯通也被抓捕，刘邦亲自审问他当年的谋反真相，蒯通说："当时我帮韩信看相，说他背面贵不可言，有成大事的机会，劝他自立为王，可是韩信却说：'汉王待我深情厚谊，让我坐他的车子，穿他的衣服，吃他的盛宴。我听说，坐别人的车就要帮别人解决忧患，穿别人的衣服就要心怀别人的忧虑，吃别人的盛宴就要死心塌地为别人效命，现在我怎么能做个见利忘义的小人呢？"刘邦听后，沉默良久，想到当年韩信助自己一路打败群雄，制服项羽，辅佐自己登上皇位，何等忠心耿耿，而自己却因一己私心，对其不断贬斥，心中着实惭愧。

原本有着金石之交的两个人，却因为残酷的政治斗争酿成了一出千古悲剧。

视角延伸

韩信甘受胯下之辱

春秋战国时期，群雄争斗，最后，秦朝击败了其他诸侯国，统一了天下。作为韩国贵族后裔的韩信沦落街头，生活窘困，可是他并没有忘了自己的身份，一心希望将来能够做出一番事业报仇雪恨。秦朝的统治血腥而又残酷，百姓苦不堪言，贵族每天把酒言欢，过着奢靡的生活，韩信就在这样的环境中忍辱负重，勤学苦练。

有一天，韩信在路上被几个市井流氓堵住，那些人见韩信身材挺拔、佩戴宝剑，却过得穷酸不堪，一心想出他的丑，为首的流氓说："看你虽佩戴着宝剑，实际上就是个懦弱小儿，今天你想离开，必须从我的胯下爬过去。"韩信气得怒火冲天，但他强忍怒气，没有表现出来，他想，现在自己还只是个无能的小子，若与市井流氓发生冲突，最终还是自己吃亏。大丈夫能屈能伸，为什么不能忍受现下的屈辱来换得明日的崛起呢？于是他慢慢俯下身子，在众人的讥笑声中从对方的胯下爬过，免去了一场不必要的争斗。

这以后，韩信更是忍受万般屈辱，背负远大的志向，步步向前，最终成就一番大业。

12

精诚所至，金石为开

娓娓道来

人们通常把极度真诚带来的强烈感动用“精诚所至，金石为开”来形容，意在说明只要有足够毅力、有耐心、有恒心，真诚地去做某一件事情，连坚硬的金石也会被打动，寓意没有什么事情是做不到的。它最早出自《庄子》中的“真者，精诚之至也，不精不诚，不能动人”。

历史上关于“精诚所至，金石为开”的著名典故当属李广射箭的故事了。汉朝时候，有一位非常骁勇善战的大将军，人称“飞将军”，他带领着部队在边疆一带征伐匈奴，使得匈奴部落数年都不敢来犯。

有一天，李广和几位部下一同在郊外狩猎，等了好久都没有猎物出现。李广独自往丛林深处走去，透过茂密的树叶向前方望去，突然发现有一只大白虎盘踞在那里，李广可高兴了，一面拉动弓箭一面想，这次一定要射中这只大老虎。这一箭酝酿的时间比往常可久得多，因为李广实在太珍惜这次难得的机会了，只听“嗖”的一声，一道白光飞去，老虎当场毙命，连咆哮的机会都没有。

李广

李广看到自己一箭就射中了一只大老虎，特别高兴地回过头对同伴们大喊："快来啊，我猎中了一只大老虎！"大家纷纷往这边奔来，真心对李广感到钦佩。等到大家都来看这只只一箭就被射死的大老虎时，却丝毫没有发现老虎的踪影，不对呀，明明是一箭就射中了，难道老虎趁大家谈笑的时候跑走了吗？大家都觉得不可思议。

李广绕着老虎原本该在的地方走了几圈，地上除了乱草和几块巨大的石头就什么都没有了，突然，他走到一块大石头的背面，指着它说："原来你就是大老虎啊！"其他人觉得莫名其妙，都往石头后面走来，真是不看不知道，一看吓了一跳，只见从石头中穿过一只锋利的箭头，再看石头的那一面，箭矢都已经被射进石头里面去了，只留下了一个孔。人们感到惊讶极了，弓箭再锋利，也没有射穿石头的道理，李广自己也觉得不可思议，他想："我明明射的是一只白虎，怎么会射穿石头呢？"

扬雄

李广怎么想也想不明白，当场决定再次试验一下，只见他退后几步，拉动弓弦，朝着石头又连发数次弓箭，有的箭头直接被石头击折，有的箭被反弹到其他的地方，反正没有一发射穿，之前射虎的时候可以一箭穿石，现在却一发也做不到，这到底是怎么一回事呢?

大家带着疑惑去请教当时非常有名的学者扬雄，扬雄听了李广的疑惑后笑着对他说：“你射虎的时候，是带着真诚实意去做一件事，所以连金石也被感动了，自然就会一箭穿石了。”以后，人们便用“精诚所至，金石为开”来形容一个人诚心实意地去做一件事情，必然能够成功。

视角延伸

李广难封

李广是汉朝非常有名的将军，历经三代君主，虽然战功赫赫，一生却没有被封侯，最后失意自杀，所以唐朝王勃的《滕王阁序》中说“冯唐易老，李广难封”，究竟李广未被封侯的原因是什么呢?

李广的事迹被详细地记载在司马迁的《史记·李将军列传》里，书中写道，李广出身将门，抗战英勇，与士兵同甘共苦，几次大战中完胜匈奴，有“飞将军”之称，但是李广也有缺点，他虽然与士兵关系融洽，但他带领的部队军纪不严格，不善于排兵布阵，并且，李广为人非常自负，心胸也很狭隘。在一次与匈奴的战役中，李广不幸兵败，被贬为庶人，某天，他和随从外出打猎，很晚才来到城门，此时城门按规定不可打开，当时守卫将士霸陵尉便要求李广在城门口露宿一夜，这种做法虽然有些蔑视李广的意思，但是按道理却是符合规定的，几年后，李广东山再起，被任命为右北平太守，就设法将霸陵尉杀害，这种打击报复行为确实是他心胸狭窄的体现。

李广一辈子最渴望的就是被封侯，却一辈子都没有实现他的愿望，这其中既有他人的排挤、统治者的残酷无情，也有他自己不善用兵和性格缺陷的原因。

传奇五

黄金有价情无价——古今趣谈

1 钱的历史

娓娓道来

和其他很多东西一样，钱在一开始并不是我们今天所看到的这个样子，它也是伴随着历史的发展，才渐渐地演变成为今天我们所熟悉的钱的。

这一段历史，也许要追溯到四五千年以前了。那时候还是人类的原始社会时期，人们每天打猎、采摘野果，食物勉强裹腹，偶尔，他们会拿自己手里多余的东西去跟别人换自己需要的东西，但是这样的情况是非常少的，那个时候还没有出现“钱”。

贝壳

到了后来，人们的生活渐渐好了，在满足自己温饱的前提下，大家将手里多余的东西用来交换。在交换的过程中，人们发现，用东西来交换很不方便，很多时候要和好几个人交换后才能够得到自己想要的东西。于是，聪明的人们就把贝壳拿来当做交换的中介，这就是最早的钱。

到了商朝，随着社会经济的不断发展，人们需要交换买卖的东西越来越多，交易的市场遍及全国各地。但是，贝壳这样的钱也只有在海边才有，于是就导致了钱太少，要交换的东西太多的局面。因而，人们就开始用其他的材料，例如像铜、玉、金等制作成贝壳的形状来充当钱。

到了春秋战国时代，人们已经不再按照贝壳的样子来制造钱币，大多数的钱币已经统一用青铜浇铸了。他们用泥沙将钱币的模具制作好，然后将经过高温熔化过的铜倒入模具中，冷却之后就把成形的铜币取出来。但是模具在铜钱取出来之后就会毁坏，每铸造一枚铜钱就要重新制作一次模具，这就使得每一枚钱币的大小重量不统一。

秦始皇

在秦始皇统一六国之后，他在最短的时间内统一了全国的货币，颁布了全国统一的钱币——秦半两钱。这是由国家统一铸造发行的。秦半两钱的外形是圆形的，中间有一个四方形的孔。在鲁迅的文学作品里把铜钱称为“孔方兄”，非常生动形象。

到了北宋，中央政府对于钱币的制造有了更加明确详细的规定。到了南宋的时候，因为市场上的交易量逐渐增大，小额的铜币已经没有办法满足大额交易的需要了。如果要进行一次大额交易，有可能要运上几车的铜钱，这对于人们来说是极其不方便的，所以人们逐渐用银取代了铜钱，铜钱只用于一些比较小规模的买卖。

宋朝以后，银和纸币逐渐盛行，所以人们铸造铜钱的数量就逐渐减少了。到了明朝，尤其是在山西一带，都是以纸币为主了。

到了民国时代，国家统一发行“法币”。顾名思义，“法币”指的就是法定的货币，由国家规定它的价值和购买的能力。在一开始的时候，一张面值 100 的法币可以买到一头很强壮的牛。但是，到了后来，由于社会环境动荡不安，法币逐渐贬值，100 法币只能买到一小盒火柴了。

在日本侵华战争期间，日本为了从中国掠夺更多的黄金白银，就在沦陷区发行了大量的伪币，强制当地的人民使用伪币，并且用黄金白银来交换，这就造成大量的黄金白银的外流。

一直到中华人民共和国成立，中国的经济才逐渐稳定下来，人民币成为了统一的货币，并且以稳定的购买能力在市面上流通。

早期人民币

视角延伸

人民币的发展史

众所周知，人民币是我们国家的法定货币，它从诞生之初到现在，已经有了60多年的发展历史了，迄今为止，国家一共发行了五套人民币。

1948年12月1日，中国的第一套人民币诞生了。其中最小的面额是1元，最大的面额可以达到50000元。

1955年3月1日，第二套人民币开始取代了第一套人民币。在这一套人民币中，最小的面额是1分钱，最大的面额只有10元。

到了1962年，第三套人民币出现，1分的面额已经消失，最小的面额是1角，最大的面额也是10元。

1987年，中国人民银行又发行了第四套人民币，新增了50元和100元的面额。

1999年10月1日，就在国庆节的这一天，第五套人民币诞生了，这也就是我们现在使用的人民币了。

② 千金难买寸光阴

娓娓道来

俗话说“一寸光阴一寸金，寸金难买寸光阴”。虽然金子是世界上非常珍贵的资源，但是金子不是万能的，它能够买到很多东西，却买不来时间。

爱迪生

时间过去了就是过去了，不会因为任何事情而回过头来，就算是你散尽千金，它也不会回头的。

正是因为时间如此的宝贵，我们就要抓紧时间，珍惜每一分每一秒，历史上的许多名人为我们树立了很好的榜样。

发明大王爱迪生曾经说过：“浪费，最大的浪费莫过于浪费时间了。”在他的一生中，每一分每一秒他都在竭尽全力地学习工作，专心致志地做着研究和发明工作。

有一天，爱迪生和他的助手在实验室里进行研究，他让他的助手去测量一个没有上灯口的灯泡的容量。

过了好久，爱迪生回过头，看到助手正拿着尺子在测量灯泡的长度、弧度之类的数据，并且非常仔细地把这些数据都记录下来。他皱了皱眉头，对助手说："时间，时间啊！"

说完，他就接了一杯水，往灯泡里一倒，说道："把这里面水的体积告诉我就可以了，水的体积不就是灯泡的容量吗？"

助手立刻把水倒进了量杯中，测出了灯泡的体积。

爱迪生说："你看，这个方法多简单啊！它节约了那么多的时间。你竟然还把各种数据记录下来，这不是在浪费时间吗？"

爱迪生永远都在强调着要珍惜时间，不要浪费每一分每一秒。

在中国古代，也有很多珍惜时间的人，晋朝的车胤就是一个典范。

车胤的家境本来是挺好的，后来由于种种原因，家道中落。但是他并没有因为巨大的环境变化而灰心丧气，自暴自弃。在贫困的环境中，他变得更加坚强、独立。

车胤非常勤奋，而且能吃苦。为了给家里挣钱，他白天去那些大户人家帮别人做事。结束了一天的辛勤工作之后，晚上回到家里，他就充分利用时间，多读书，提升自己各方面的修养。但是，他的家庭条件非常贫困，哪里有多余钱给他去买油灯呢？而晚上的时间又这么宝贵，车胤并不想白白浪费。怎么办呢？

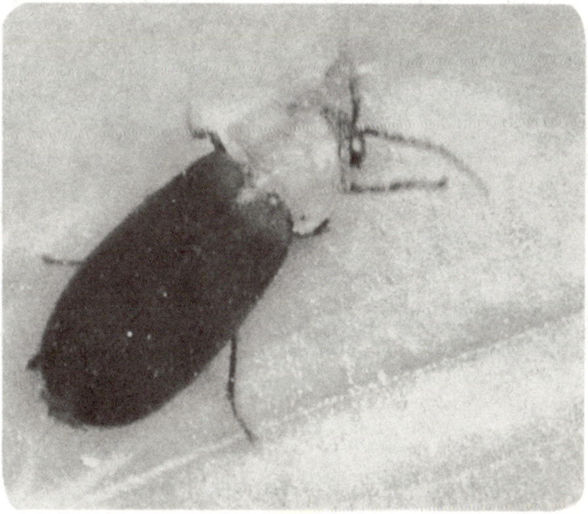

萤火虫

终于在一个夏天的晚上，在院子里，他看到不远处的草丛里有闪闪的亮光，走近一看，他发现有很多萤火虫在草丛中翩翩起舞。看到萤火虫身上一闪一闪的亮光，车胤高兴极了。他急忙拿了一个用白色的破布缝制的袋子，把这些飞舞的萤火虫都捉到了袋子里，萤火虫的光透过袋子发出来。

车胤拿着这盏自制的“照明灯”仔细认真地读起书来，这就是“囊萤夜读”的典故。皇天不负有心人，车胤经过刻苦努力，终于成为一名著名的学问家，后来还成了一位非常有作为的官员，受到老百姓的爱戴。

中国近代文学史上著名的文学家鲁迅先生就曾经说过：“时间就是生命，浪费别人的时间就等于谋财害命，浪费自己的时间就等于慢性自杀。”鲁迅先生一生都在辛勤工作，用他的笔来战斗。他一辈子写下了许多发人深省的文章，这些都是他合理安排时间的结果。

真的是“寸金难买寸光阴”，不管黄金有多么珍贵，都永远无法买到失去的时间，时间过去了就不会再回来，在这个世界上是没有后悔药可买的。

鲁迅

视角延伸

一代学者欧阳修

宋朝有一位著名的学者，他的名字叫欧阳修。在宋代，几乎每一个文人都是以他为楷模。他一生写了很多著名的诗词歌赋，几乎每一篇都是人人传颂的经典。在科举考试的时候，欧阳修的评判往往会成为决定这个考生成绩的因素。

欧阳修之所以能够取得如此巨大的成就，与他珍惜时间、合理地利用时间是密不可分的。

在欧阳修4岁的时候，他的父亲就去世了。家里一下子失去了经济支柱。由于家庭条件非常困难，欧阳修没有办法和其他的孩子一样去学堂读书。于是，他的母亲就用芦苇把字都写在沙地上，亲自教他读书写字。

等到他长大了之后，家里的书基本上都被欧阳修读完了。于是，他就到别人家里去借书看，有的时候还会把一本书抄下来。他没日没夜地读书，充分合理地利用好每一分每一秒的时间，这为他以后走上文学创作之路打下了一个坚实的基础。

3 一文钱的故事

娓娓道来

在历史上，有很多与钱有关的故事，这些故事有的与一大笔钱有关系，有的只是与一文钱有关系，今天说的这个故事就是与一文钱有关的。

赵匡胤

赵匡胤是宋代的开国皇帝，他经过南征北战，创立了宋朝。但就是这么一位所向披靡的皇帝，有一次却被一文钱给难住了。

故事发生在赵匡胤当上皇帝之前。夏天的一个中午，他一个人走在炎炎烈日之下，觉得口干舌燥，想着这时候要是能有一个西瓜那该多好啊！

突然，他的眼前一亮，一片巨大的西瓜地出现在他的面前，他真的是高兴极了，赶紧冲上前去准备大吃一顿。

但是在西瓜地里还有一个看守的老人，老人说西瓜一文钱一个，可以先尝一口，如果觉得不甜，就不要钱。

赵匡胤摸摸口袋，一分钱都没有。突然，他灵机一动。他让老人切开一个西瓜给他，他尝了一口，皱了皱眉头，说“不甜不甜”。他又让老人给他开一个西瓜，他又说不甜。这样，他就一直吃一直吃，吃到自己觉得再也吃不下了，他还是说这个西瓜不甜。

老人看出了赵匡胤的阴谋，笑着说：“年轻人，看你仪表不凡的，你怎么可以做这么卑鄙的事情呢？你没有钱，直接告诉我就好了，为什么一定要骗人呢？”

赵匡胤听了之后，顿时面红耳赤。

过了很久之后，赵匡胤当上了宋朝的皇帝，为了报答那个老人，他送了万亩良田给那个老人。

没有想到那个显赫的皇帝也有这么窘迫的时候呢。

陈桥兵变，黄袍加身

一钱太守

在东汉的时候，会稽郡有一个太守叫刘宠。在他担任会稽太守期间，这里的百姓生活得安居乐业。

后来，刘宠升官要去别的地方。会稽郡的百姓们都非常舍不得他，在他临走时都出来为他送行。大家准备了一百文钱给刘宠，但是刘宠坚决不肯收。在百姓们的再三请求之下，刘宠只拿了其中一文钱。等到他离开会稽郡的时候，他把钱扔到了江里。

后来，人们为了赞扬刘宠清正廉洁的美德，就把那条江改名为"钱清江"，刘宠"一钱太守"的美名也在百姓之中传开了。

视角延伸

4 刘海戏金蟾

娓娓道来 在我国民间，流传着“刘海砍樵”、“刘海戏金蟾”的故事，很多地方的寺庙中还供有刘海的神像，那刘海到底是个什么样的人呢？刘海戏金蟾的具体典故又是怎样的呢？

相传在很久以前，燕山的山上住着一条巨蟒，这条巨蟒吸天地之精华，即将修炼成为不死之生。在山下有一只千年蟾蜍，这只蟾蜍功力也很强，可是不及巨蟒。巨蟒为了早日修炼成功，决定先对蟾蜍下手，经常吐出红红的舌尖去试探蟾蜍，蟾蜍感觉不妙，更是日夜勤加修炼，终于在巨蟒之前先修炼升仙。

升仙后的蟾蜍在仙界还只算个小辈，只有通过积善惩恶才能为自己增加功力，于是它经常到山下的人间去，看周围的村庄有哪些人需要帮助。

村子里有一个年轻樵夫叫刘海，他无父无母，从小是吃百家饭、穿百家衣长大的，家里一贫如洗，刘海到了 20 多岁也没有结婚。周围的乡亲们看刘海是个善良的好孩子，都希望能够帮他，可是，没有哪个年轻女孩愿意跟随一贫如洗的刘海。蟾蜍看见刘海的遭遇非常可怜他，决定去帮助刘海。

刘海每天天不亮就会起来去山上砍柴，经常忙到没有时间自己做饭，所

寺庙

以每次都是邻居家多做一份带他一起吃。蟾蜍看到了这点，每天趁刘海出门离开之后便进入家门，摇身变成一个妙龄少女，接着开始操劳家务，把家里的上上下下打理得井井有条，做好一顿丰盛的饭菜放在桌上，然后在刘海回到家中之前离开。

一开始的几天，刘海以为是哪位邻居过来帮忙，没有太在意，可是时间长了，心里就纳闷了，邻居又不是闲人，怎么会有时间天天来帮自己做家务呢？于是他找遍自己的邻居，一方面向他们表示感谢，一方面想问明原因。可是，没有任何一个邻居承认是自己做的家务，刘海奇怪极了，觉得其中肯定有什么秘密，便打算一探究竟。

第二天天不亮，刘海就悄悄起床，背着斧头离开家门。实际上，他并没有真正走远，而是躲在了一个隐秘的地方。这时从道路远方跳来一只金色的

山林

蟾蜍，只见它慢慢跳近，然后进入了刘海家中。

刘海既感到害怕，又感到兴奋，害怕的是会因此遭来横祸，兴奋的是想知道这只蟾蜍为什么要帮自己。他悄悄躲到窗户外，观察着屋子里发生的一切。奇异的事情发生了，只见蟾蜍摇身一变，瞬间成为一个美丽的少女，旁边还有一副蟾蜍皮，随后，这个少女非常熟练地开始打扫房间，收拾衣物，砍柴生火做饭，刘海看着这一切，简直不敢相信自己的眼睛，他想：这个姑娘这么美丽，又情愿帮我，何不留她做我的妻子，我与她双宿双飞，倒也不枉此生。

如此一想，刘海悄悄地潜入房间，趁女子不备之时把那副蟾蜍皮放到滚烫的沸水中，少女立刻回转身来，看到自己的外皮已经在沸水中上下翻滚，立刻嚎啕大哭，指着刘海骂道："我原本看你人好，想帮你做一些事情，哪知你竟这么狠心，现在我不能再恢复原身了，这该如何是好？"

刘海趁机上前一步安慰少女："你看我可怜来帮我，我真心地感谢你，只是我觉得你太好了，想要与你一起生活，我们就做这世上一对平凡的夫妻，好吗？"

少女泣道："我何曾不向往人世间平静的生活，但是，我已经是入了仙界，就必须接受仙界的统管，怎能一直待在人间？"

刘海无法，只得好好珍惜和少女在一起的短暂时光，两人甜甜蜜蜜，每天都过得很开心。越是美好的时光越容易度过，二月初二这一天，天上的神仙来检查金蟾的情况，发现它竟私自和

刘海戏金蟾

一个凡人生活在了一起，就把它带回了天宫。

刘海感念金蟾对自己的恩德，不愿忘却和“少女”在一起的幸福时光，每天潜心修道，乐善好施，最终修炼成一代宗师。刘海死后，人们为了纪念这段故事，在庙宇中修建了刘海塑像，希望他在另一个世界中能与金蟾重逢。

视角延伸

三条腿的金蟾

金蟾就是三条腿的青蛙，它本来也有四条腿，其中一条腿被刘海砍断了。

这也是来源于民间的一个神话传说，在这个传说里，刘海不再是樵夫，而是八大仙人之一吕洞宾的弟子，当时有一只金蟾妖怪兴风作浪，经常祸害百姓，刘海就设法制服金蟾，在与金蟾的打斗中打断了它的一条腿，最后将其收入囊中，金蟾从此归顺于刘海，成为刘海的得力助手。

金蟾最大的本事就是会从口中吐出金币，所以民间经常把金蟾造型的雕像供奉在家中或商店里，意喻招财进宝，财源滚滚，生意兴隆。

5 世界各国钱币的称谓

娓娓道来

钱币是财富的象征，支撑着国家的金融流通。我们国家从古代到现在出现过各种钱币，现在流通使用的是第五套人民币，同时，世界各国都有自己的钱币。

美国是世界经济大国，它的钱币叫美元，是从1929年起由美联邦储备银行发行的，通常我们用$作为美元符号，它分为纸币和硬币两个部分，纸币面值同人民币一样，有$1、$2、$5、$10、$20、$50和$100；硬币单位为美分，通常用¢表示，1美元等于100美分，硬币的面值有1¢、5¢、10¢、

世界各国纸币

美元

25 ¢ 、50 ¢ 和 $1。不同面值的纸币或硬币的正面都刻着美国历任总统的肖像，例如 1 美元的纸币正面就是美国第一任总统乔治 · 华盛顿的肖像，2 美元的正面是美国第三任总统托马斯 · 杰斐逊的肖像。纸币的背面印的都是美国历史上有重大意义的事物，例如 1 美元纸币的背面印着美国的国徽，2 美元纸币的背面印的是油画《独立宣言》，它的颁发标志着美国以一个正式的国家身份而存在，5 美元的背面印着林肯纪念堂。

除了纸币，美国的硬币上刻铸的图案也很有特色，它们分别刻着美国最具代表性的事物，例如自由女神像。

欧盟国家通用的钱币称作欧元，目前，欧洲共有 27 个国家加入欧盟，它们有了统一货币后，这些国家的经济流通更加方便，贸易发展更加快速。欧

卢布

元由欧洲中央银行和各国国家银行统一发行，同样分为纸币和硬币。欧元的纸币面值与美元不同，没有 1 欧元和 2 欧元，但是多了 200 欧元和 500 欧元。欧元的硬币共有 8 种，它们的正面除了数字以外都是一样的，被称为“共同面”，反面由各个发行国家自己设定，有的国家把他们的元首肖像刻在上面，有的国家则选择了最具代表性的事物作为硬币上的图案。

俄罗斯的钱币为卢布和戈比，卢布是本位货币单位，戈比是辅币，1 卢布等于 100 戈比。纸币只有卢布单位，共 6 种，分别为 10 卢布、50 卢布、100 卢布、500 卢布、1000 卢布和 5000 卢布；硬币单位有卢布也有戈比，卢布有 1 卢布、2 卢布、5 卢布和 10 卢布，戈比有 1 戈比、5 戈比、10 戈比和 50 戈比。

日本流通的货币称为日圆，也叫日元，它的面值都很大，最小面值的纸币是 2000 日元，最大的为 10000 日元，它们的正面印有为日本文化科学发展作出巨大贡献的医学家或学者，也有日本具有代表性的事物，例如面值 1000 日元的正面印的就是医学家野口英世，面值 2000 日元的正面是 2000 年八国

泰铢

首脑会议召开地冲绳县的守礼门，纸币的背面印的均为日本有代表性的事物或画像，面值1000日元的纸布背面是日本的国花樱花，面值2000日元的纸币背面是《源氏物语》的作者紫式部的肖像。

除此以外，新加坡的货币叫新加坡元，泰国的货币叫泰铢，印度尼西亚的货币叫盾，印度的货币叫卢比，澳大利亚的货币称为澳大利亚元，新西兰的货币称为新西兰元，英国的货币叫英镑，法国的货币叫法郎，德国的货币叫马克，加拿大的货币称加元，墨西哥的货币称为墨西哥比索，埃及的货币叫埃及镑，它们作为一般等价物参与金融市场的流通，为全球经济的发展作出了巨大贡献。

这些货币本身并没有价值，纸币是用纸张制造的，硬币一般为各种金属合金，但是，当国家赋予它们以一定的价值后，它们就会作为衡量其他物品价值的标准，作为流通市场的工具，作为人们消费时的支付手段，作为世界货币和其他国家进行贸易沟通。

视角延伸

各国钱币图案的故事

非洲国家斯威斯兰的钞票正面很有意思，上面印着9个赤裸上身的年轻少女，这是纪念索布扎二世国王庆贺芦苇节的场景。原来，在每年的8月份，斯威斯兰都会举办盛大的传统节日芦苇舞节，这一天，成年未婚少女们会裸出上身、手持芦苇舞蹈，这是她们成人礼的一种形式。国王也会到现场亲自挑选自己的王妃，索布扎国王当政61年间共有120个嫔妃。

欧洲国家冰岛发行的货币叫克朗，其中5000克朗面值的纸币上印着一位非常慈祥的女性图像，她是冰岛主教的妻子，是当时女性中的典范，在图像的右上侧，还印着她教两位学生读书的情景，冰岛人民把她作为钞票人物，教导女性向她学习。

非洲的刚果共和国在刚成立时经济紧张，无法过多地投入到钱币制造中，于是政府把之前的钱币中的首领头像挖去，作为自己发行的新钱币投入使用。

越南曾发行过一种非常特殊的钞票，这张大钞票被分为了好多小张，中间有着细小的孔方便撕去，每一张小钞票都只能买特定的商品，所以，当人们需要购买裤子、大米或者其他指定物品时，就会撕取其中一小张进行兑换。

6 金钱不是万能的

娓娓道来

经济时代中金钱显得尤为重要，人们都说：“没有金钱是万万不能的。”是啊，做哪一件事不需要钱呢？当你送给亲爱的同学一份生日礼物，当你买下心仪已久的那件连衣裙或那顶很帅的棒球帽，当你为了过上更加舒服、幸福的生活时，你离不开金钱。小至个人，大到国家，没有哪个国家敢称自己没有钱却可以立于世界民族之林，只有以富足的国民经济作后盾，才能在与其他国家的竞争与合作中保护自己，提升自己。

金钱不是万能的，纵然它能带来无数的美丽与幸福，它终究只是一件身外之物，金钱既不会伴随我们出生，也不会跟着我们离开这个世界。此外，金钱也有买不到的东西，比如“一寸光阴一寸金，寸金难买寸光阴”，时间流逝了是无法用金钱来弥补的；再比如人与人之间的感情也无法用金钱来赎买，还有我们的健康等等。

从古至今，许多文学作品都提到了这个道理，金钱在任何一个时代都很重要，但是我们不能因此而极端地认为金钱至上，因为，金钱不是万能的。

著名文学家巴尔扎克的《高老头》就用极具讽刺的故事说明了这个道理。

巴尔扎克

巴尔扎克在《高老头》这本书里塑造了几个典型人物，来描绘19世纪的资本主义社会金钱至上的丑陋现实，揭示了人性缺陷，他们一些疯狂的举动无不为金钱所驱使，从而自食其果。

高老头年轻的时候是个成功的商人，积攒了不少积蓄，他有两个女儿，从小高老头就将她们视为掌上明珠，提供给她们最好的环境，两个女儿成人后，高老头又想方设法地为她们寻求好归宿，通过多方努力，他把两个女儿分别嫁给了伯爵和银行家，并把自己多年积攒的家产分为两半，各给每人80万的陪嫁。这样一来，高老头所剩无几，只能搬到要价不高的沃盖公寓去住，两个女儿结婚后经常到高老头的公寓去，但她们并不是真正去看望他，而是想法设法地找他要钱，此时的高老头已经垂垂老矣，唯一的财产也只剩一些首饰，可是，畸形的父爱让高老头一次次纵容自己的孩子，任她们宰割，最终，高老头孤独贫困地死在了沃盖公寓里，而他之前引以为骄傲的两个女儿根本就不愿意再见到没有钱的父亲。

存钱罐

拉斯蒂涅也是沃盖公寓的房客之一，他来自法国外省的一个落魄家庭，为了遥远的梦想来到巴黎求学。但是入住沃盖公寓后，他发现现实社会和自己想象的并不一样，人们为了金钱、权力勾心斗角，冷酷无情。拉斯蒂涅为了融入梦想中的上流社会，也开始不惜代价地争权夺利，他努力结识家族内的一个远房亲戚鲍赛昂夫人，从而有机会跻身上流社会，在鲍赛昂夫人举办的舞会中又结识了纽沁根太太，可是交往一段时间后发现她实际上并没有金钱，为此他又转而追求泰伊番小姐，并和其他人策划了一出谋财害命的案件，在这个过程中，原本一腔热血的青年为了向上爬而不顾一切，终于失去了自我，成了一个名副其实的野心家。

鲍赛昂夫人是个十足的悲剧性人物，她出身高贵，有着良好的修养，她的客厅被人们誉为巴黎贵族最有代表性的地方，只要能在她的客厅露面，就有机会跻身上流社会。然而，鲍赛昂夫人家的客厅虽然夜夜笙歌，但她自己的心里却苍白无力。原来，她深爱的情夫为了追求一个有400多万嫁妆的女

巴黎著名建筑

人而毅然决然地抛弃了她，鲍赛昂夫人看透了社会中金钱至上的实质，看透了人心恶毒，决定从此告别巴黎社交社会，在最后一场舞会上，热闹的外景更加衬托出鲍赛昂夫人心中的那份无奈、悲伤与孤苦，她惨白的身影唱出了一曲无尽的挽歌。整个社会喧嚣而浮华，谁又能真正走进她的内心？

所有的人都败在了金钱的手下，所有人都奋不顾身地去追求金钱，却无可奈何地被金钱所击倒，他们的悲剧说明了一点：金钱不是万能的，我们不能为了金钱而丧失良心、丧失真诚、丧失自我。

视角延伸

可怕而又可悲的吝啬鬼

巴尔扎克在《欧也妮·葛朗台》里塑造了一个典型的吝啬鬼形象，他就是葛朗台，这个人对金子有着狂热的占有欲，只要是金子，他都会奋不顾身地收入囊中，并且他还极其吝啬，从不多花一分钱，把所有的黄金都锁在仓库里，仓库的钥匙随身携带，不时还要拿出来摸一摸，他的那些钱因为存放的时间太久了，有的都已经发霉不能用了，即使这样，他还是严格控制周围人的花销，对自己的妻子和女儿也不愿花钱。

老葛朗台的女儿欧也妮是个心地善良质朴的女孩子，有一次她的表哥查理拜访他们家，顺便把自己母亲的遗物一个梳妆匣交给欧也妮保管，当葛朗台看到梳妆匣上的金锁时，两眼顿时放光，立刻向自己女儿的怀里扑去，不顾女儿的哀求和痛苦把匣子抢走了。

欧也妮是个不幸的姑娘，之后不久，与她相依为命的母亲因为没有药物的救治离开了人世，她的母亲留下了一份遗产给自己的女儿。事后，老葛朗台一反常态地改变了对女儿的态度，开始意外地给她花钱，还把自己的仓库钥匙给她保管。欧也妮一眼就看出了父亲的鬼把戏，知道他讨好自己为的是拿到自己的财产，欧也妮不想和父亲争来斗去，很爽快地就和他签订了合同，把遗产转给了父亲。老葛朗台得到了财产，态度立刻改变，重新克扣女儿的费用，仓库的钥匙也早就收走了。

这个吝啬的人一辈子都在追求金子、小心翼翼地在看护自己的金子和猜忌别人的财产比自己多的行为中度过，可是他自己一辈子也从未享受过，临死之前，神父拿着一个镀金的耶稣雕像为他祈祷时，葛朗台立刻两眼瞪大，对着雕像吼出最后一句："金子，我的金子！"便气绝身亡。

作为世界文学中四大吝啬鬼形象之一，老葛朗台对金子的狂热崇拜实在令人感到悲哀。